U0929963

风电行业设备管理

杨申仲　谷玉海　徐小力　编著

机　械　工　业　出　版　社

随着风电行业近两年的回暖和发展，以及风力发电机组运行的特殊性，在风电设备运行与维修中，出现了许多新情况、新动向和新问题，所以加强风电行业设备管理具有重要的意义。

本书共分6章，主要介绍了风电资源与开发利用、风力发电机组的结构、风力发电机组并网运行、风力发电设备运行与维护、风力发电设备故障诊断、风力发电设备修理等内容。书中汇集了大量风电企业的使用设备管理和维修资料，针对性、可采用性和参考性强。

本书可供风电行业设备管理、设备运行维护、设备修复技术人员作为培训教材使用，也可供相关院校师生学习参考。

图书在版编目（CIP）数据

风电行业设备管理/杨申仲，谷玉海，徐小力编著. —北京：机械工业出版社，2016.12

ISBN 978-7-111-54746-4

Ⅰ.①风… Ⅱ.①杨… ②谷… ③徐… Ⅲ.①风力发电-设备管理 Ⅳ.①TM614

中国版本图书馆CIP数据核字（2016）第210197号

机械工业出版社（北京市百万庄大街22号 邮政编码100037）
策划编辑：沈 红 责任编辑：沈 红 责任校对：刘秀芝
封面设计：陈 沛 责任印制：常天培
河北新华第二印刷有限责任公司印刷
2016年10月第1版第1次印刷
169mm×239mm · 12印张 · 228千字
0001—2500册
标准书号：ISBN 978-7-111-54746-4
定价：49.00元

凡购本书，如有缺页、倒页、脱页，由本社发行部调换

电话服务	网络服务
服务咨询热线：010-88361066	机工官网：www.cmpbook.com
读者购书热线：010-68326294	机工官博：weibo.com/cmp1952
010-88379203	金书网：www.golden-book.com
封面无防伪标均为盗版	教育服务网：www.cmpedu.com

前　　言

随着我国经济持续发展，能源消费逐年增长，造成能源缺口加大。发展清洁新能源是大力推进节能减排、减少温室气体排放最有效途径之一，也是填补能源缺口的手段之一。充分利用我国风力资源，发展我国风电行业是保护环境的重要手段，更有利于提高能源安全性和减缓气候变化。从2013年起风电市场得到很大回暖，近两年风电设备制造业市场订单有较大幅度增长，风电设备市场售价已开始触底反弹，风电设备运行质量、售后服务等有较大提高，以综合竞争力赢得了很大的市场信赖。

由于风力发电机组数量多、分布广，并随着气候条件变化而影响运行效率，在风电行业设备管理中出现了许多新情况、新动向、新问题，行业内设备管理工作者亟须一部系统讲述风电行业设备管理的专业书籍，以便更好地指导工作，为此编写了本书以供借鉴和参考。

本书共分6章，主要内容包括风电资源与开发利用、风力发电机组结构、风力发电机组并网运行、风力机组运行与维护、风力发电设备故障诊断、风力发电设备修理等内容。

书中汇集了大量风电企业实用设备管理和维修资料，针对性、可采纳性和参考性强。

本书可供风电行业设备管理、设备运行维护、设备修复技术人员参考使用，同时可作为大专院校理论联系实际的培训教材。

由于编者水平有限，书中不足之处在所难免，请读者指正。

编　者

目　录

第一章　风电资源与开发利用

2013 年以来，国家能源局连续出台了一系列政策措施，加强风电产业监测和评价体系建设，并有针对性地解决弃风限电问题，以强化规划的引领作用，从而实施风电年度发展计划、有序推进风电基地建设，以及使风电产业发展更加理性。

第一节　风 电 资 源

预测到 2020 年，我国将实现能源消耗总量的 20% 为清洁新能源的目标，而水力能，风能和太阳能光伏发电将成为最大的来源，特别是风能发电也会有较大的增长。在全球未来经济发展中，我国在清洁新能源时代中将会起到更大的作用。

一、清洁新能源是我国经济发展战略的重中之重

伴随经济持续增长，我国对一次性能源需求不断增加，能源的供需矛盾也越来越突出，且已经成为影响我国经济安全与经济发展的重要因素之一。虽然能源资源总量位于世界前列，但我国人均能源资源占有量很低，且不到世界平均水平的一半；另外，我国能源利用效率低、浪费严重。据估计，我国每增长 1 万美元 GDP 的能源消耗是美国的 3.2 倍，与世界其他国家一次能源构成不同的是，我国以煤为主，占一次能源的比例为 65.6%。由于煤的洁净利用难度大，使用过程中已对人类的生存环境带来严重的污染。这些都在提醒我们，一方面要节约有限的资源，另一方面要积极开发新的能源。2015 年时，我国由于新能源的利用减少 3000 多万 t CO_2 的温室气体及 200 多万 t SO_2 等污染物的排放，这不但有利于节能减排工作的开展，而且更有助于我国经济可持续发展。

二、风电资源总量可观

风是地球上的一种自然现象，它是由太阳辐射热引起的。太阳照射到地球表面，由于地球表面各处受热不同产生温差，从而引起大气的对流运动形成风。风是流动的空气，有速度、有密度，所以包含能量。据估计到达地球的太阳能中虽然只有大约 2% 转化为风能，但其总量仍是十分可观的。据世界气象组织估计全球的风能约为 2.74×10^{9}MW，其中可利用的风能为 2×10^{7}MW，比地球上可开发

利用的水能总量还要大 10 倍。

1. 风能

风所具有的能量是很大的，当风速为 9 ~ 10m/s 的 5 级风时，吹到物体表面上的压力，每平方米面积上约有 10kgf；风速为 20m/s 的 9 级风，吹到物体表面上的压力，每平方米面积可达 50kgf 左右。台风的风速可达 50 ~ 60m/s，它对每平方米物体表面上的压力，竟可高达 200kgf 以上。汹涌澎湃的海浪，是被风激起的，它对海岸的冲击力是相当大的，有时可达每平方米 20 ~ 30tf 的压力，最大时甚至可达每平方米 60tf 左右的压力。

风能是干净的能源，古代就利用风能作为动力，用风带动简易的传动装置，可用于磨米、灌溉和排涝。

风中含有的能量，比人类迄今为止所能控制的能量大得多。全世界每年燃烧煤炭得到的能量，还不到风力在同一时间内所提供给我们的能量的 1%。可见，风能是地球上非常丰富而重要的能源之一。合理利用风能，既可减少环境污染，又可减轻越来越大的能源短缺的压力。

2. 风能利用的主要形式

风能利用的主要形式是发电和提水，其主要设备是风力机和风力发电系统。风力提水的历史悠久，近代的风力提水发展最好的国家应该算是荷兰，故荷兰被称作风车之国。在还没有电能的时候，荷兰人就开始利用风能生产生活了，1880 年最鼎盛时期有 1 万多架风车。荷兰人拦海造田，风车帮助他们提干了海水，留下大片土地。荷兰还制定出世界上最特别的法律——《风法》，授予风车主人以“风权”，他人不得在风车附近修筑其他建筑物。现代风力提水机按作业性质和水源条件可分为两类：一类是低扬程大流量风力提水机，适用于河渠提水灌溉、排涝或盐场提水制盐；另一类是高扬程小流量风力提水机，它适用于深井提水。

3. 风力发电在新能源和可再生能源行业中增长最快

世界风电行业发展年增达 35%，美国、意大利和德国年增长更是高达 50% 以上。德国风电已占总发电量的 3%，丹麦风电已超过总发电量的 10%。全球风电装机容量已达 25000MW 以上，能满足 1500 万个家庭，即 3800 万人的用电需求。虽然，欧洲占世界风电总装机容量的 70% 以上，但其他国家也在积极开辟市场，已有 50 多个国家正积极促进风能事业的发展。由于风力发电技术相对成熟，许多国家投入较大且发展较快，使风电价格不断下降，目前风力发电成本为 0.4 ~ 0.7 元/kW · h，若考虑环保和地理因素，加上政府税收优惠和相关支持，在有些地区已可与火电等能源展开竞争。在全球范围内，风力发电已形成年产值超过 50 亿美元的产业。

第二节　风电开发与利用

一、全球风电行业的发展

1. 风电行业装机容量连续增长

根据全球风能理事会统计，受到我国惊人的风电新增装机 30500MW 的驱动，全球风电产业 2015 年新增装机 63013MW，实现了 22% 的年度市场增长率。美国市场得益于第四季度的强劲增长、全年达到 8.6GW，德国新增 6GW 超过预期，其中包括 2.3GW 的海上项目。到 2015 年年底，全球风电累计装机容量达到 432419MW，累计年增长率达到 17%。2015 是一个风电市场的大年，特别是对一些大型市场来说，如中国、美国、德国、巴西等，所有这些国家都实现了创纪录的新增装机容量。

2016 年全球风电依旧发展迅速，世界各国也都在布局本国的风电产业。各国政府出台了一系列促进风电发展的政策，风电企业也在积极拓展版图。如全球最大海上风电运营商即将 IPO 估值 160 亿美元；2018 年起智利地铁系统将使用可再生能源，主要是太阳能（000591）和风能等；吉尔吉斯拟实施税收优惠来促进风电开发；印度推出太阳能与风能混合动力系统；日本福岛将建 500 兆瓦级的风力发电站，到 2020 年在首都圈开始输电；英国将投资 38 亿美元建设 588MW 海上风电场；挪威石油公司拟打造全球首个海上漂浮风电场等。

全球风能理事会 2015 全球风电统计数据图如图 1-1 ~ 图 1-4 所示。

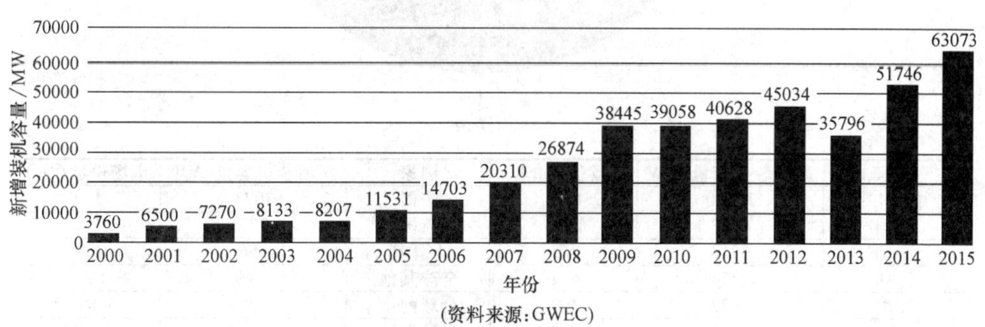

图 1-1　全球风电年新增装机容量（2000 ~ 2015 年）

2. 亚洲新增装机容量蝉联全球榜首

风电正在引领全球从化石能源转向的转型，风电正在价格、表现和可靠性上更具竞争力。非洲，亚洲和拉丁美洲等很多国家有很多风电市场开放，这些市场将成为下一个十年风电市场的领导力量。

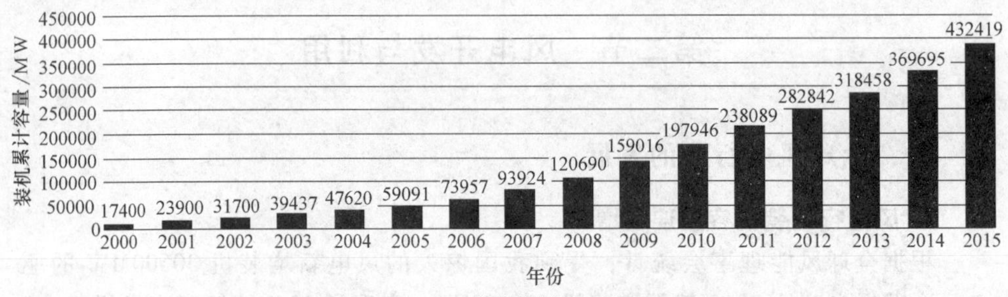

(资料来源:GWEC)

图 1-2 全球风电装机累计容量（2000～2015 年）

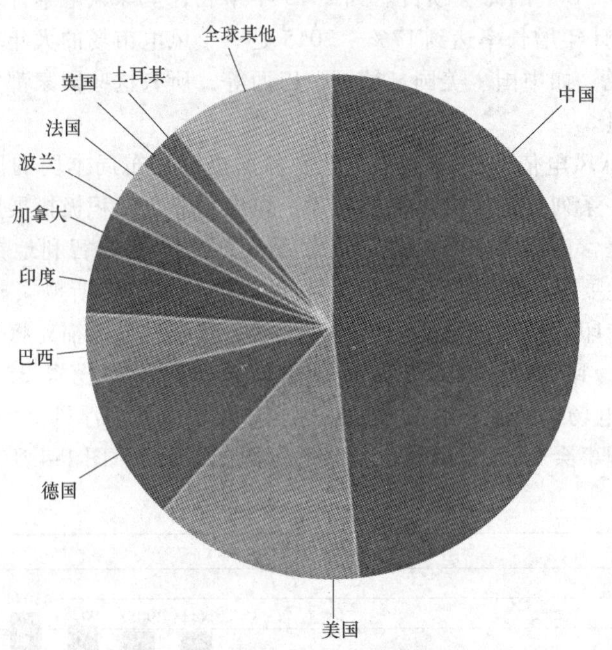

国家	新增装机容量/MW	市场份额(%)	国家	新增装机容量/MW	市场份额(%)
中国**	30500	48.4	法国	1073	1.7
美国	8598	13.6	英国	975	1.5
德国	6013	9.5	土耳其	956	1.5
巴西	2754	4.4	全球其他	6749	10.7
印度	2623	4.2	全球前十	56264	89
加拿大	1506	2.4	全球总计	63013	100
波兰	1266	2.0			

注：**临时数据。

图 1-3 2015 年全球风电新增装机容量前十名

（资料来源：GWEC）

由于 2015 年我国新增市场的卓越表现，也在累计装机容量上超越了欧盟成为全球第一。我国累计装机容量达到 145.1GW，而欧盟 141.6GW。在持续政策

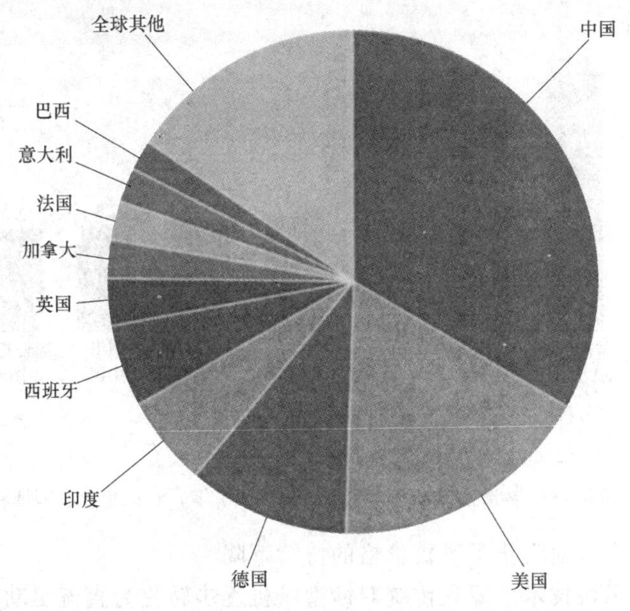

国家	累计装机容量/MW	市场份额(%)	国家	累计装机容量/MW	市场份额(%)
中国**	145104	33.6	法国	10358	2.4
美国	74471	17.2	意大利	8958	2.1
德国	44947	10.4	巴西	8715	2.0
印度	25088	5.8	全球其他	66951	15.5
西班牙	23025	5.3	全球前十	365468	84.5
英国	13603	3.1	全球总计	432419	100
加拿大	11200	2.6			

注：**临时数据。

图 1-4 2015 年全球风电累计装机容量前十名

（资料来源：GWEC）

改善的支持下，我国大力发展以风电为代表的清洁能源，主要考虑到以下两点：煤炭是我国众多城市空气严重污染的主要原因，需要尽快减少对煤炭的依赖；更加关注如何应对气候变化。在亚洲其他地区，印度装机达到了2623MW，这一装机使印度的累计装机容量超越了西班牙，成为全球第四，位列中国、美国和德国之后。日本、韩国和中国台湾也有一些新增装机。

3. 全球风电行业制造销售继续看好

2015 全球风电整机制造商装机容量前十名（2015 年）如图 1-5 所示。

4. 全球风电机组价格竞争激烈

缘于市场中各商家之间激烈的竞争，我国 1.5MW 主流机型的风机价格在过去的四年当中逐年下降，目前已比 2009 年的价格降低了 35%。同时，由于欧美风机需求的降低以及我国低价格风机进入国际市场，全球风机价格也同比降低了至少 20%。欧美市场为了尽量避免激烈的市场竞争，采取了一系列措施，包括引进先进技术的新风机模型、为特殊国家和地区订制风机以及多项效益担保条款

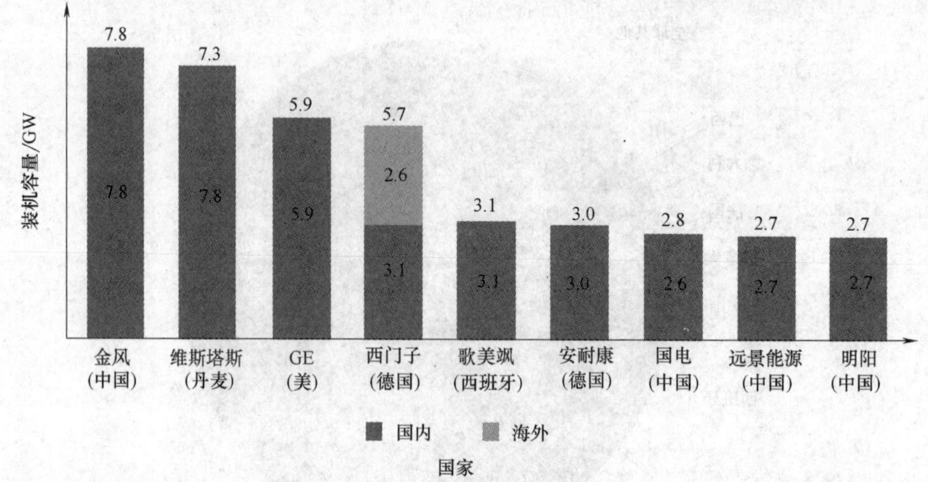

图 1-5　全球风电整机制造商装机容量前十名（2015 年）（本表选自彭博社统计资料）

等，这些措施有效地阻止了风机价格的持续下降。

近年来，风机技术由原先传统双馈型风机逐步转化为直流驱动型风机。在风电产业中，直驱风机的数量持续增长。全球超过 15 个风机供应商为风电市场提供直流驱动风机的安装方案，目前直驱风机占所有风机供应的 28.1% 的份额。

风机尺寸仍持续增加，但增加的速度逐步降低。大型风机的主要市场在欧洲，特别是风电技术先进的德国和丹麦。大型风电机组的发展趋势很快，随着清洁能源的发展，下一代风电机组将成为技术发展趋势。维斯塔斯正在丹麦测试他们的 V164 8MW 的风机；西门子和 Alstom 在已经安装了 6MW 的直驱型风机：三星的 7MW 风机正在苏格兰运行；我国的华锐、金风、明阳和联合动力也已开始测试 6MW ~ 6.5MW 的风机模型；日本也准备测试 7MW 海上风机。

二、我国风电行业发展依然强劲

1. 风电在装机容量与发电量中占有一定比例

随着我国经济持续发展，能源消费逐年增长，造成能源缺口加大。通过发展清洁新能源是大力推进节能减排，减少温室气体排放最有效途径之一，充分利用我国风力资源，发展我国风电行业是保护环境的重要手段，更有助于提高能源安全性和减缓气候变化。

2015 年，全国风电产业继续保持强劲增长势头，全年风电新增装机容量 3297 万 kW，新增装机容量再创历史新高，累计并网装机容量达到 1.29 亿 kW，占全部发电装机容量的 8.6%；风电发电量 1863 亿 kWh，占全部发电量的 3.3%；新增风电核准容量 4300 万 kW，同比增加 700 万 kW，累计核准容量 2.16 亿 kW，累计核准在建容量 8707 万 kW。另外，我国非化石能源发电装机比重已达 30%，2020 年非化石能源占一次能源消费 15%；2030 年风电装机容量达到 4 亿 kW，2050 年风电装机容量达 10 亿 kW，可满足 17% 的电力需求。

2005～2014 年我国新增与累计风电装机容量如图 1-6 所示；2014 年我国不同功率风电机组累计装机容量占比如图 1-7 所示，从图 1-7 反映其中 1.5MW 的风电机组占总装机容量的 61%，仍占据主导地位；2015 年我国内蒙古自治区新建风电场如图 1-8 所示；2015 年我国东海新建海上风电场如图 1-9 所示。

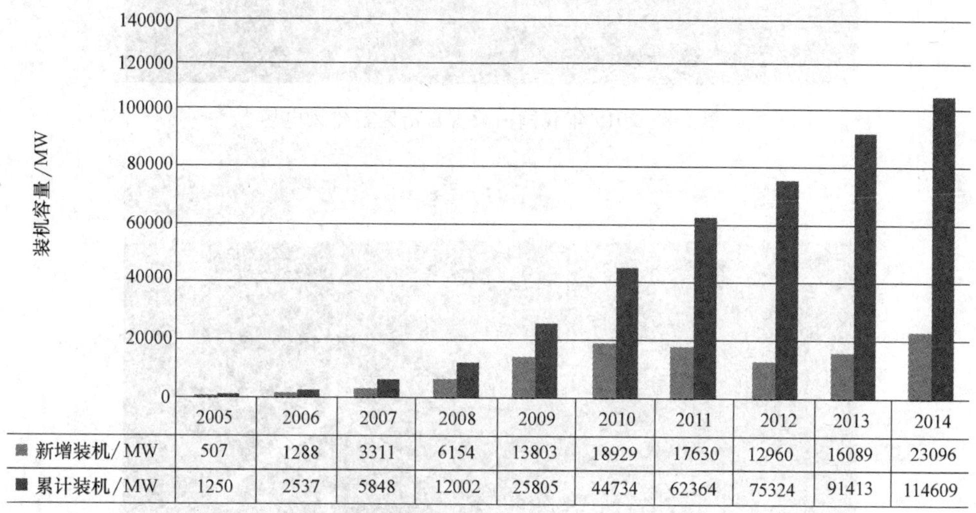

	2005	2006	2007	2008	2009	2010	2011	2012	2013	2014
新增装机/MW	507	1288	3311	6154	13803	18929	17630	12960	16089	23096
累计装机/MW	1250	2537	5848	12002	25805	44734	62364	75324	91413	114609

图 1-6　2005～2014 年我国新增与累计风电装机容量

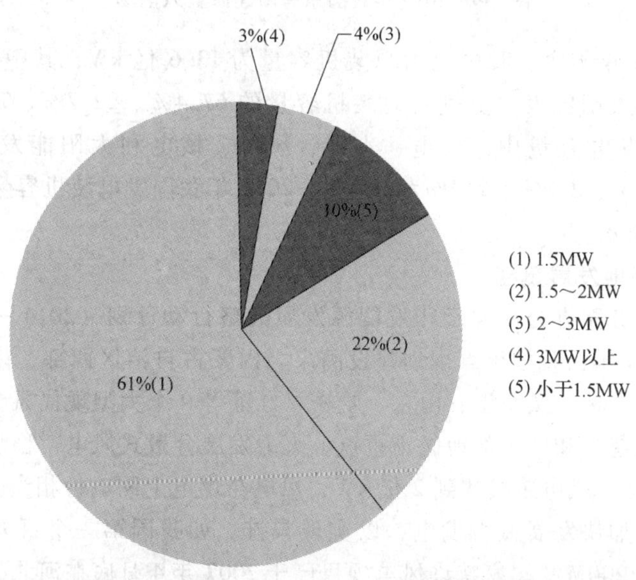

图 1-7　2014 年我国不同功率风电机组累计装机容量占比图

图 1-8 2015 年我国内蒙古自治区新建风电场

图 1-9 2015 年我国东海新建海上风电场

截至 2014 年年底，我国电力总装机容量为 13.6 亿 kW，其中火电、水电、风电、核电和太阳能发电分别占总装机容量的 67.4%、22.2%、7.0%、1.4% 和 2.0%；在发电总量中，火电、水电、风电、核电和太阳能发电量分别占 75.1%、19.3%、2.8%、2.3% 和 0.5%，2014 年我国发电装机容量和发电量构成如图 1-10 所示。

2. 风电基地发展迅猛

按照《国务院办公厅关于印发能源发展战略行动计划（2014～2020 年）的通知》，未来几年，我国重点规划建设酒泉、内蒙古自治区西部、内蒙古自治区东部、冀北、吉林、黑龙江、山东、哈密、江苏等 9 个大型现代风电基地及配套送出工程。以南方和中东部地区为重点，大力发展分散式风电，稳步发展海上风电。到 2020 年，风电装机达到 2 亿 kW，风电与煤电上网电价相当。

我国通过加快发展风力发电，以实现减排。如我国第一个百万千瓦风电基地——单晶河 200MW 国家特许风电项目已于 2007 年 4 月底在河北省张北县奠基开工，到 2008 年北京奥运会开幕前，由这个风电基地提供的电能并入华北电网，

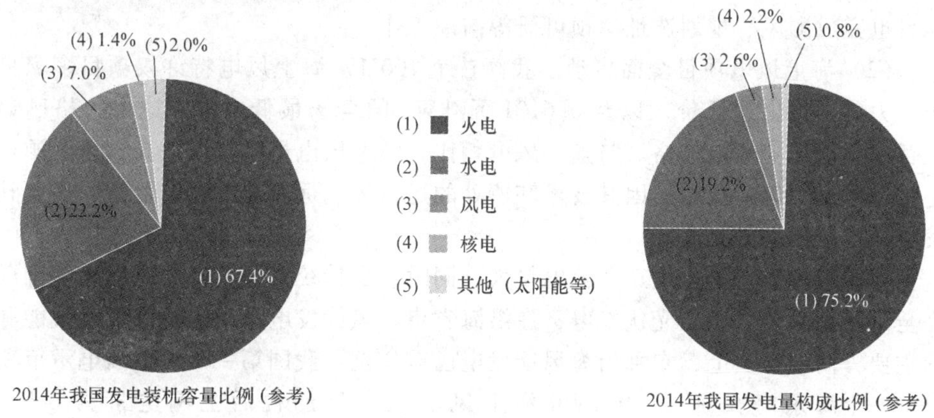

图 1-10　2014 年我国发电装机容量和发电量构成

从而提高清洁能源在电网中的比例，为北京科技奥运做出了贡献。单晶河风电场位于张北县的西南部。这里风能资源比较丰富，65m 高度年平均风速 7.64m/s，平均风功率密度 378.6W/m^2，开发风电的条件较好。该项目总装机容量为 200MW，每年可发电 4.4 亿 kW · h 与相同发电量的火电相比，每年可节约约 16.6 万 t（标煤），折合原煤为 23.3 万 t，可相应减排 SO_2 为 7454t、NO_2 为 2115t、CO_2 为 39.5 万 t、CO 为 53.6t，比外还可以减少废渣排放 4 万 t、减少耗水 1 万多 t，对改善大气环境有积极的作用。

我国风能资源丰富，可开发利用的风能储量约 10 亿 kW，其中，陆地上风能储量约 2.53 亿 kW（陆地上离地 10m 高度资料计算），海上可开发和利用的风能储量约 7.5 亿 kW。由于风能储量大、分布广，陆地和海上可开发的风能资源储量分别为 2.5 亿 kW 和 7.5 亿 kW，大大超过可利用的 3.78 亿 kW 水能资源。2010 年中期我国风电装机容量 2175 万 kW，2010 年年底我国风电装机容量为 4183 万 kW，2014 年我国风电累计装机容量 11460.9 万 kW，2020 年我国并网风电装机容量将达到 2 亿 kW，2020 年我国风电装机容量的设备投资总额 7700 亿元。

（1）首个十万千瓦级风电基地一期工程完成　我国首个千万千瓦级风电基地——酒泉风电基地一期工程 516 万 kW 装机 9 月底已经全部完工。在风电场建设的带动下，我国风电装备制造业也快速发展。仅酒泉风电设备产业制造园就落户 29 家企业，其中我国风电设备总装的前三强——华锐、金风、东气，以及叶片制造前三强——中材、中复、中航等全部落户园区，2010 年前 7 个月销售收入就突破百亿元。

按照国家规划，酒泉风电基地一期 2010 年底已实现装机 516 万 kW，2015 年实现装机 1271 万 kW。在一期建设工程完成的同时，二期工程 755 万 kW 风电项目也完成测风、规划选址、预可研等前期工作。

（2）海上风电项目全面启动　我国首个 100MW 海上风电特许权项目多家央企电力集团报出超低价，以及 0.6101 元/kWh 的全场最低电价。这一价格已逼近目前我国陆上风电价格。与陆上风电相比，海上风电虽具有风速高、风资源稳定、发电量大等特点，但因其技术和所处的运行环境远较陆上风电复杂，因此其发电成本应比前者更高。

我国沿海省份工业发达、耗电量大，同时缺少传统资源，电力供应始终难以完全满足。除了太阳能光伏发电，在沿海省市，风能发电是未来发展可替代能源的主要方向。事实上，东部沿海风能发电已有先例：我国第一个海上风电示范项目——上海东海大桥 10 万 kWh 海上风电场项目的税后上网电价为 0.978 元/kWh。该项目总投资约 23.65 亿元，2010 年 7 月已实现并网发电。

随着我国风电产业的发展，特别是海上风电特许权招标项目的全面启动，风电机组大型化已成为行业发展的趋势。2010 年 6 月 8 日，由我国自主研发的 34 台 3MW 海上风电机组在第一个国家示范工程——上海东海大桥海上风电场项目全部成功并网发电，并于 8 月 31 日全部通过 240h 预验收，由此揭开了自主建设海上风电项目的序幕。

2015 年 11 月 25 日，上海东海大桥 100MW 海上风电示范项目又迎来特殊时刻；上海东海大桥 100MW 海上风电示范项目机组出质保及后服务合作签约仪式在上海成功举办。至此，由华锐风电提供全部 34 台 3MW 风电机组的东海大桥海上风电场成为国内唯一经过 5 年运行检验并顺利出质保的海上风电项目。

上海东海大桥 100 兆瓦海上风电示范项目是我国第一个国家海上风电示范项目，也是欧洲以外全球第一个海上风电场。截止到 2014 年 12 月，上海东海大桥风电场一期工程发电量已累积超过 10.94 亿 kWh，取得了良好的经济效益。

上海东海大桥 100 兆瓦海上风电示范项目成功建设，取得了多项技术突破，为我国海上风电建设积累了宝贵经验，首先，打破了国际巨头的技术垄断和封锁，标志着我国大功率风电机组装备制造业跻身世界先进行列；其次，采用海上风机整体吊装工艺，大大缩短了海上施工周期，填补了我国海上风电机组海上运输和安装空白；再次，全球每一次使用高桩承台基础设计，有效解决了高耸风电机组承载、抗拔、水平移位的技术难题；最后，全部设计和建设工作由国内企业和研究院所完成，也填补了我国海上风电场设计、基础设计和施工空白。

该项目的开工建设及并网发电，其意义不仅仅体现在经济效益和社会效益方面，在促进、推动我国海上风电的发展具有标杆示范作用。据业界专家介绍，当时国家所有关于海上风电的政策包括电价的制订，都取决于东海大桥项目建成后的实际运行效果。目前我国海上风电建设呈现出良好的发展态势也与该项目的成功建设密不可分。

我国风电设备行业已经从消化引进海外技术阶段发展至自主技术创新阶段，风电设备具备技术和价格等方面的优势。

我国首台低风速风力发电机投入运行。中国南车株洲电机有限公司日前宣布，成功研制出了我国首台适用于风速低于7m/s的2MW低风速风力发电机。这一大功率风力发电装备的问世，将激活我国中部和东南部风能资源。

中国南车株洲电机有限公司，科研人员经过技术攻关，采用新型齿轮传动、轻量化、高绝缘等级、低开路电压等技术，设计并生产出了一台功率达2MW的低风速风力发电机。这种装备能在不足7m/s的低风速下运转并发电，将被首先应用于湖南境内的渌口风电场，并实现小批量生产。

长期以来，我国大型风力发电装备只能利用边远、高海拔地区高速风能资源，并网难、输送难成为制约风力发电产业的瓶颈。2MW低风速风力发电机的问世，使经济发达、人口稠密且耗电量大的华东、华南、华中等占我国面积68%以上的低风速地区风能资源可就地利用，对新能源开发和环保减排具有重大意义。

3. 风电后服务市场成效显著

上海东海大桥100MW海上风电示范项目机组出质保及后服务合作顺利签约，也从侧面说明风电运维后服务市场已取得了突破。

风电行业将随着大批风电机组质保期的临近，市场规模将进一步放量增长。如华锐风电已形成一整套运维服务体系供业界参考：现场服务标准进一步细化，完善了客户管理体系，以集团客户服务部为核心，整合集团技术服务部、集团运维工程部和区域公司的优势，对现场服务进行全面支持，形成了双向反馈、响应迅速的客户服务流程。与此同时，还组建了一支近1000人的运维服务团队，专注于给业主及客户提供周到、完善的风电运维服务。

三、我国风电设备制造业发展蓬勃

2013年以来，我国风电新增装机容量排名前15位的企业占据了国内约90%的市场份额，2013~2015年我国新增风电装机容量市场排名情况见表1-1。

我国主要的风电叶片生产企业有中材科技、中复连众、中航惠腾、LM、时代新材，洛阳双瑞、重庆通用、东泰、中科宇能、上玻院等，另外明阳、东汽、联合动力、维斯塔斯等整机企业也自产叶片。2013年中材科技供应叶片数量按匹配的整机容量折合超过3GW，中复连众供应量也约有3GW，其他供应量较大的企业有中航惠腾、艾尔姆、时代新材、联合动力、广东明阳等。

表 1-1 2013～2015 年我国新增风电装机容量市场排名情况

2013 年				2014 年			
序号	整机制造商	装机容量/MW	市场份额（%）	序号	整机制造商	装机容量/万 kW	市场份额（%）
1	金风科技	3750.25	23.31	1	金风科技	443.4	18.99
2	联合动力	1487.5	9.25	2	联合动力	260.05	11.14
3	明阳风电	1286	7.99	3	明阳风电	205.8	8.81
4	远景能源	1128.1	7.01	4	远景能源	196.26	8.40
5	湘电风能	1052	6.54	5	湘电风能	178.1	7.63
6	上海电气	1014	6.30	6	上海电气	174.36	7.47
7	华锐风电	896	5.57	7	东方电气	129.8	5.56
8	重庆海装	786.7	4.89	8	中船重工（重庆）海装	114.4	4.90
9	东方电气	573.5	3.56	9	运达风电	89.8	3.85
10	浙江运达	538.75	3.35	10	华锐风电	78.9	3.38
11	维斯塔斯	507.7	3.16	11	中国航天万源	70.85	3.03
12	沈阳华创	474	2.95	12	华创风能	70.5	3.02
13	株洲南车	343.45	2.13	13	南车风电	61	2.61
14	浙江华仪	314.1	1.95	14	三一重能	49.45	2.12
15	太原重工	293	1.82	15	华仪风能	46.6	2.00
16	其他单位	1643.65	10.22	16	其他单位	133.39	7.09
合计		16088.7	100	合计		2128.3	100

2015 年			
序号	整机制造商	梯队分类	市场份额
1	金风科技	第一梯队（7000MW 以上）	27%
2	国电联合动力	第二梯队（2200～3500MW）	10%
3	远景能源		9%
4	明阳风电		9%
5	中船重工（重庆）海装	第三梯队（1000～2200MW）	7%
6	上海电气（及西门子风电）		6%
7	湘电风能		6%
8	东方电气		5%
9	远达风电		4%
10	其他单位	（1000MW 以下）	17%

齿轮箱生产企业除南高齿、重齿、大重、杭齿及外资企业博世力士乐、威能极外，近年来重庆望江、天津华建天恒、宁波东力等企业在风电齿轮箱供应上也有所突破。其他部件如发电机、轴承、变流器等产品都有充足供应。

2013 年随着市场的回暖，风电设备制造业市场订单逐渐增加。另外，风电设备市场售价也开始触底反弹，目前 1.5MW 主流机型单位千瓦市场售价（不含塔筒）平均在 4000 元或稍高一些，整个制造业呈现出良性发展的势头。不过，货款拖欠和利润率偏低仍是目前制造业最大的问题。解决这些问题的关键，一方面是国家对风电电价的补贴需要及时足额发放，另一方面是开发商与供应商须研究建立和谐共赢机制，对风电设备运行质量、售后服务、货款支付等问题制定合理合同条款并严格执行。制造企业需要加强自律，避免低价竞争，努力提高产品可靠性，规划适应长期发展的技术和市场战略，以综合竞争力赢得市场信赖。

第三节　风电行业发展趋势

一、全球风电市场发展平稳

未来全球市场出现了多元化的趋势，这一态势在 2015 年更加明显，并将在未来几年进一步加剧。在发展中国家的风电新兴市场日益涌现，并且这些新兴市场的规模也越来越大，更会在未来几年形成更加强劲的长势。而在发达国家内部，一方面我们看到风电的发电量在这些国家达到两位数，但是由于这些国家的经济增长速度的降低，给予新增电量的空间也有限，因此风电发展的未来前景在发达国家相对有限。因此可以预见未来风电的增长更多会发生在新兴发展中国家，一些传统的亚洲风电大国和其他区域的新兴市场将成为未来风电发展的更大拉动力。

在全球依然没有一个统一的碳市场的背景下，很多市场内风电依然很难与传统能源进行价格上的竞争。尽管目前各个国家和区域有越来越多的碳市场不断涌现，然而这些碳市场中的大部分还处于初级阶段，距离可以形成全球统一的碳价尚有时日。

几年前出现的价格低廉的页岩气，曾在美国市场一度成为风电的巨大竞争对手。页岩气在美国乃至今球的出现曾经掀起了一场关于页岩气黄金时代的讨论。然而，近年来越来越多的研究发现，页岩气的裂压开采过程对于环境会有影响，并且开采过程对于气候变化也会造成潜在的影响，并进一步证明页岩气并非解决气候变化问题的最终出路，或者说页岩气的开采过程在环境和气候友好性方面存在着巨大的不确定性。这一发现，再次将风电推上了减排温室气体的技术清单的前列。

另一方面，风电依然是极大依赖各国国内政府政策补贴的。如 2013 年动荡最大的市场是美国，市场跌幅达到 90%，这一现象就是政策的不连贯性导致的。而我国风电市场在近几年来的发展也与政府的支持政策直接相关。欧洲几个传统风电大国的衰落也与国内补贴政策停止和减少直接相关，目前全球关注的欧盟 2030 年能源与气候变化目标也直接关系到欧洲在未来十五年内可再生能源产业的发展。

展望未来，2014 年已成为 2013 年后恢复增长的一年，2014 年的新增装机容量实现创纪录的增长。装机主要发生在北美、亚洲和拉丁美洲。新兴市场巴西、墨西哥和南非将在未来几年显现其强劲的增长势头。

而在 2014 年以后，市场将回归新常态的增长，年新增装机市场会以 6% ~10% 的增长速度持续到 2018 年。累计增长市场将在 2015 ~ 2018 年以 12% ~14% 的速度增长。累计装机容量在五年期末将翻番，从 2013 年的 300GW 增加至 2018 年的 600GW。

从区域上来讲，风电发展还是会集中在亚洲、北美和欧洲。然而下一个五年，我们将看到更多的市场分化。巴西的风电将突飞猛进，有望在未来五年内达到全球前三或前四。而非洲国家也将在南非的领军下迎来一个风电的小小腾飞。而未来几十年内更大变数则可能发生在中东，如沙特阿拉伯已明确 2030 年 50GW 的可再生能源发展目标。未来的十年，风电将从在欧美亚的高度集中发展态势转向分散于更广阔的区域，而未来的五年将是这一变化开始的序曲。图 1-11 为全球风电 2015 ~ 2018 年装机预测；图 1-12 为全球风电 2015 ~ 2018 年新增装机区域预测；图 1-13 为全球风电 2015 ~ 2018 年累计装机区域预测。

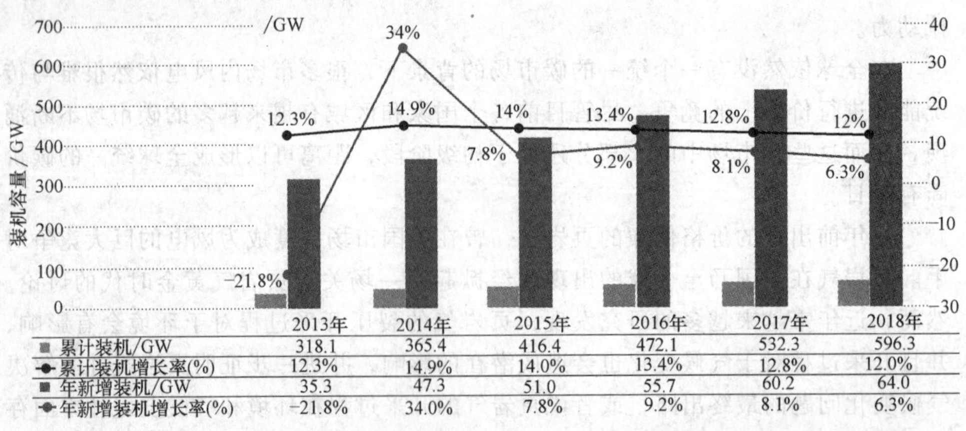

	2013年	2014年	2015年	2016年	2017年	2018年
累计装机/GW	318.1	365.4	416.4	472.1	532.3	596.3
累计装机增长率(%)	12.3%	14.9%	14.0%	13.4%	12.8%	12.0%
年新增装机/GW	35.3	47.3	51.0	55.7	60.2	64.0
年新增装机增长率(%)	-21.8%	34.0%	7.8%	9.2%	8.1%	6.3%

图 1-11　全球风电 2015 ~ 2018 年装机预测（数据来源：全球风能理事会（GWEC））

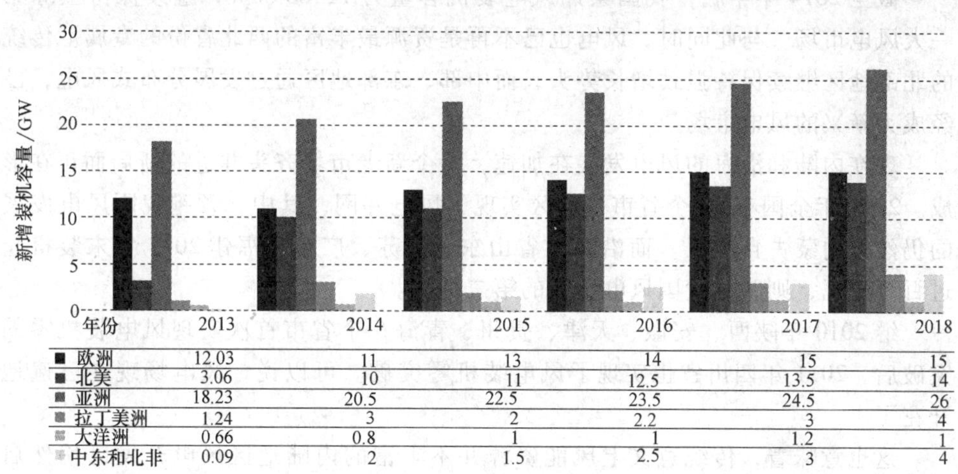

年份	2013	2014	2015	2016	2017	2018
欧洲	12.03	11	13	14	15	15
北美	3.06	10	11	12.5	13.5	14
亚洲	18.23	20.5	22.5	23.5	24.5	26
拉丁美洲	1.24	3	2	2.2	3	4
大洋洲	0.66	0.8	1	1	1.2	1
中东和北非	0.09	2	1.5	2.5	3	4

图 1-12 全球风电 2015～2018 年新增装机区域预测（数据来源：全球风能理事会（GWEC））

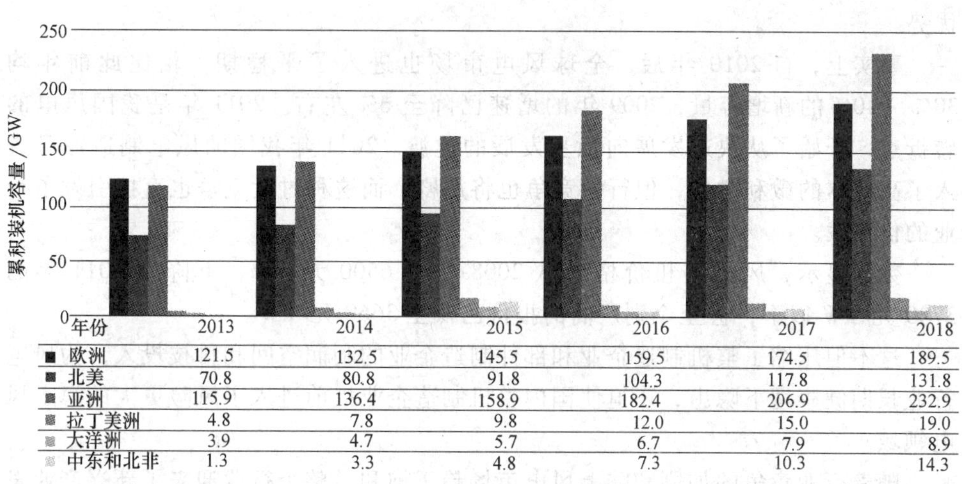

年份	2013	2014	2015	2016	2017	2018
欧洲	121.5	132.5	145.5	159.5	174.5	189.5
北美	70.8	80.8	91.8	104.3	117.8	131.8
亚洲	115.9	136.4	158.9	182.4	206.9	232.9
拉丁美洲	4.8	7.8	9.8	12.0	15.0	19.0
大洋洲	3.9	4.7	5.7	6.7	7.9	8.9
中东和北非	1.3	3.3	4.8	7.3	10.3	14.3

图 1-13 全球风电 2015～2018 年累计装机区域预测（数据来源：全球风能理事会（GWEC））

二、为我国风电行业发展扫清障碍

2015 年我国风电累计装机容量继续居世界第一。同时，我国风电发展集中开发与分布式相结合的局面初露眉目。

但限电弃风问题却日益凸显。据不完全统计，2012 年风电企业因为限电弃风损失达 50 亿元以上。

截至2014年年底，我国累计风电装机容量为114609MW，继续保持全球第一大风电市场。与此同时，风电也已不再是资源最丰富的西北省份的专属。传统的北部地区继续保持强劲增长势头，而中部、东部地区通过发展分布式风电，已经成为新兴的风电市场。

现在内陆和沿海的风电发展在加速，一个新老市场齐头并进的新局面正在形成。2011年全国有30个省市自治区实现了风电并网，其中，领跑我国风电发展的仍然是内蒙古自治区。而沿海大省山东、江苏、广东、福建2011年末装机超过百万千瓦，则跻身我国风电发展的第二梯队。

继2010年陕西、安徽、天津、贵州、青海5个省市首次实现风电装机零的突破后，2011年四川省也实现了风电装机零突破。可以说，风电场现在已遍地开花了。

这也意味着，传统意义上风能资源并不丰富的内陆地区风电开发已悄然启动，我国风电开发正向更多的不同气候和资源条件的区域发展。

由于这些新兴市场人口密集，用电负荷大，电网接入条件也好，真正靠近用户端，不需要再远距离传输上千甚至2000km，因此，具有北部地区难以比拟的优势。

事实上，自2010年后，全球风电市场也进入了平稳期，相比此前年均30%~40%的新增容量，2009年的增速已降至6%左右。2011年是我国风电的转折点，开始了从快速发展向稳步发展的过渡。2011年我国的风电制造业已进入了高成本的微利时代，但行业竞争也将加剧。而这种过度竞争也直接引发了行业的价格战。

数据显示，风机整机价格已从2008年的6500元/kW，下降至2011年的3700元/kW以下，甚至个别厂商的报价已低至3660元/kW。

这不但压缩了整机制造企业和部件制造企业的利润空间和科技投入，为风电行业长期健康埋下隐患，还迫使国内整机制造企业提前进入了风险更大的海上风电领域。

随着行业竞争的加剧和陆上风电市场趋于饱和，整个行业迎来了新兴产业发展中的阵痛，企业效益下滑和市场发展速度下降，迫使风电企业发展战略和策略的改变。

我国需要尽快克服这些发展瓶颈，并摆脱市场和体制的制约，为风电行业的发展扫清障碍。

三、国家对风电行业发展政策不断完善

2013年2月26日，财政部、国家发改委、国家能源局《关于可再生能源电价附加资金补助目录（第四批）的通知》。其中风力发电项目涉及18918MW。

2013 年 3 月 11 日，《国家能源局关于印发“十二五”第三批风电项目核准计划的通知》。列入第三批风电核准计划的项目共 491 个，总装机容量 27970MW。此外，安排促进风电并网运行和消纳示范项目 4 个，总装机容量 750MW。

2013 年 3 月 15 日，国家能源局《关于做好风电清洁供暖工作的通知》。为提高北方风能资源丰富地区消纳风电能力，减少化石能源低效燃烧带来的环境污染，改善北方地区冬季大气环境质量，将在北方具备条件的地区推广应用风电清洁供暖技术。2013 年在吉林和内蒙古自治区共建成了 4 个清洁风电供暖示范项目，有效探索了供热、储热技术，及相关调度运行实践。

2013 年 4 月，国家能源局对白城申报的《吉林省白城市风电本地消纳综合示范区规划》予以正式批复。同意白城市开展风电本地消纳试点工作。白城市成为全国唯一的风电本地消纳综合示范区。

2013 年 5 月 15 日，《国务院关于取消和下放一批行政审批项目等事项的决定》发布。当月国家能源局发布公告，将“企业投资风电站项目核准”权限下放到地方投资主管部门。

2013 年 5 月 23 日，《国家能源局关于加强风电产业监测和评价体系建设的通知》。为全面准确掌握风电产业发展信息和形势，提高产业技术水平和工程质量，促进风电产业健康持续发展，要求加强风电产业的发展动态、开发建设、并网运行和设备质量等重要信息的监测和评价工作。对国家可再生能源中心、国家可再生能源学会风能专业委员会、各电网公司及各省（区、市）能源主管部门都做了具体分工。

2013 年 7 月 31 日，《国家能源局关于做好近期市场监管工作的通知》。在 12 项监管任务中，第一项就是加强可再生能源发电的并网消纳监管，要求电网企业采取有效举措，在更大范围内优化协调电量平衡方案，提升消纳风电及光伏发电的能力。

2013 年 9 月 10 日，《财政部关于调整可再生能源电价附加征收标准的通知》。自 2013 年 9 月 25 日起，可再生能源电价附加征收标准由原来的 0.8 分/kW·h 提高至 1.5 分/kW·h。这项调整，为我国风电电价补贴的及时足额支付提供了保障条件。

2013 年 11 月 19 日，《国家能源局关于近期重点专项监管工作的通知》。确立了 12 项专项监管工作计划，其中第五项仍然是可再生能源发电并网专项监管，重点监管电网企业风电场并网管理情况、已核准建成风电项目并网情况、风电场及配套送出工程的协调建设情况等。

2014 年 1 月 20 日，《国家能源局关于印发 2014 年能源工作指导意见的通知》。坚持集中式与分布式并重、集中送出与就地消纳结合，稳步推进水电、风电、太阳能、生物质能、地热能等可再生能源发展，2014 年，新核准水电装机 20GW，新增风电装机 18GW，制订、完善并实施可再生能源电力配额及全额保障性收购等管理办法，逐步降低风电成本，力争 2020 年前实现与火电平价。优化风电开发布局，加快中东部和南方地区风能资源开发。有序推进酒泉、蒙西、蒙东、冀北、吉林、黑龙江、山东、哈密、江苏等 9 个大型风电基地及配套电网工程建设，合理确定风电消纳范围，缓解弃风弃电问题。稳步发展海上风电”。

2014 年 2 月 13 日，《国家能源局关于印发“十二五”第四批风电项目核准计划的通知》。列入“十二五”第四批风电核准计划的项目总装机容量 27600MW。各电网公司要积极配合做好列入核准计划风电项目的配套电网建设工作，落实电网接入和消纳市场，及时办理并网支持性文件，加快配套电网送出工程建设，确保风电项目建设与配套电网同步投产和运行。

2015 年年底，国家能源局已明确“十三五”调整能源结构的具体路径，大幅度提高可再生能源在能源生产和消费中的比重，实现风电等可再生能源从补充能源向替代能源转变。2016 年已明确非化石能源消费占一次能源消费比重达到 13.2%；非化石能源发电装机占总装机的比重提高到 35.7%，其中：风电比重提高到 8.6%，在新能源项目上，2016 年风电新增装机容量将达到 2000 万 kW 以上。根据国务院办公厅 2015 年年末发布的《能源发展战略行动计划（2014～2020 年）》，已明确到 2020 年，非化石能源占一次能源消费比重达到 15%，这一目标为我国风电行业发展提供了更大的空间。

四、各省、市（区）风电行业发展成效

2013 年，全国各省、市（区）累计核准风电项目容量 13764.94 万 kW，其中已建成并网容量为 7716 万 kW，见表 1-2；2013 年年底，全国各省、市（区）新核准 413 个风电项目，新增核准容量为 3095 万 kW，见表 1-3。

表 1-2　2013 年全国累计核准风电项目容量情况

序号	省（区、市）	核准/万 kW	序号	省（区、市）	核准/万 kW
1	内蒙古自治区	2773.90	9	黑龙江	681.55
2	甘肃	1146.91	10	吉林	664.33
3	河北	1112.62	11	江苏	512.19
4	新疆维吾尔自治区	1021.58	12	云南	365.45
5	山东	853.84	13	广东	344.71
6	山西	744.03	14	贵州	288.21
7	宁夏回族自治区	731.46	15	陕西	238.76
8	辽宁	693.70	16	湖南	194.87

（续）

序号	省(区、市)	核准/万 kW	序号	省(区、市)	核准/万 kW
17	福建	177.85	26	重庆	61.33
18	湖北	148.92	27	上海	56.31
19	安徽	145.59	28	青海	51.30
20	广西壮族自治区	145.40	29	天津	42.20
21	河南	132.27	30	海南	36.42
22	浙江	115.48	31	北京	19.95
23	四川	97.40	32	西藏自治区	4.95
24	江西	97.11	合计		13764.94
25	新疆兵团	64.35			

注：数据来源为国家可再生能源信息管理中心。

表 1-3　2013 年全国风电新增核准项目及容量

序号	省(区、市)	项目个数	新增核准容量/万 kW	序号	省(区、市)	项目个数	新增核准容量/万 kW
1	内蒙古自治区	34	462.25	17	四川	11	53.75
2	新疆维吾尔自治区	34	399.82	18	河南	12	53.15
3	山西	39	321.75	19	辽宁	8	48.55
4	江苏	25	262.38	20	新疆兵团	9	44.55
5	河北	24	242.55	21	江西	9	38.66
6	宁夏回族自治区	21	150.10	22	浙江	9	29.10
7	黑龙江	23	138.39	23	福建	6	22.10
8	甘肃	8	125.05	24	上海	2	14.98
9	贵州	22	111.70	25	青海	3	14.85
10	陕西	20	98.56	26	重庆	3	14.85
11	湖南	19	97.85	27	天津	3	13.20
12	山东	14	72.17	28	西藏自治区	1	4.95
13	广西壮族自治区	14	68.90	29	北京	1	4.95
14	广东	13	63.94	30	吉林	1	4.95
15	湖北	12	59.12	31	海南	1	0.60
16	安徽	12	57.44	合计		413	3095.15

注：数据来源为国家可再生能源信息管理中心。

2013 年年底，全国近 1300 家项目公司参与了我国的风电投资和建设，其中国有企业约 960 家，累计并网容量 62440MW，占全国总并网容量的 81%。五大发电集团仍然是风电装机的主力企业，累计并网容量 42560MW，占全国总并网容量的55%。其中，国电集团以累计并网容量15340MW位列全国风电装机第一位，表1-4为2013年风电企业并网情况表。

在风电开发企业中，共有约144家民营企业，其2013年年底累计风电并网容量2880MW，占全国总并网容量的3.8%；中外合资企业也是我国风电开发建设的重要力量，约有131家，2013年年底中外合资企业累计并网容量9820MW，占全国总并网容量的12.7%。其中，龙源与雄亚公司合资企业以累计并网容量2940MW位列合资企业第一。

表1-4 2013年风电企业并网情况表

序号	投资企业	2013年新增/万kW	2013年累计/万kW	序号	投资企业	2013年新增/万kW	2013年累计/万kW
1	国电	234.48	1534.31	7	中电投	136.25	409.27
2	华能	104.43	938.55	8	华润	81.94	285.31
3	大唐	117.65	888.56	9	三峡	50.14	177.97
4	中广核	190.50	486.31	10	京能	0.15	169.83
5	华电	84.55	485.71	11	其他	349.01	1925.11
6	国华	100.12	414.74	合计	1449.20	7715.65	3.34%

注：数据来源为国家可再生能源信息管理中心。

五、我国风电行业继续保持持续发展后劲

近年来，充分表明我国风电行业发展的成果是国内市场带动的结果。2013年年底，风电累计并网装机已达77.55GW；2015年初步统计，风电累计并网装机达104GW；近期我国风电装机和发电量规划见表1-5。

表1-5 我国风电装机和发电量规划

名称	类别	2013年(已建成)	2015年(已建成)	2020年(规划)
装机容量/GW	陆上风电	77.16	99	170
	海上风电	0.39	5	30
	合计	77.55	104	200
发电量/100GWh	总发电量	1349	1900	3900
	风电站总发电量比例	2.53%	3%	5%

对于近年日益受到重视的风电并网与消纳问题，国家能源局发布的《能源行业加强大气污染防治工作方案》中提出，要采用安全、高效、经济先进输电技术，并推进12条电力外输通道，进一步扩大北电南送、西电东送规模。电价问题也是近年来影响风电发展的原因之一，在限电问题仍较严重、CDM收益大幅缩水、设备和零部件制造企业用盈利换取市场份额等问题尚未解决时贸然下调风电电价，势必造成风电投资意愿减弱，并直接影响风电市场容量的稳步增长，

有关部门已采取积极措施保持稳定的上网电价水平，鼓励风电投资积极性。

作为风电中长期发展目标，在常规发展情况下，以每年新增装机量 18 ~ 20GW 的速度发展，到 2020 年可以完成总装机量 200GW 的规划目标；在应对雾霾、大力提倡节能减排情况下，《能源行业加强大气污染防治工作方案》不仅提出了到 2017 年，煤炭占一次能源消费总量的比重降低到 65% 以下，而且明确了北京市、天津市、河北省和山东省净削减煤炭消费量分别为 1300 万 t、1000 万 t、4000 万 t 和 2000 万 t。由此预测到 2020 年，风电装机规模将有可能达到 250GW 以上；争取到 2020 年非化石能源占一次能源消费比重达到 15%、到 2020 年单位国内生产总值（GDP）温室气体排放量比 2005 年减少 40% ~45%，乐观预测届时风电装机将有可能达到 320GW 上下。

回顾近年风电行业的总体发展情况，可以看出，国家从多个方面都在对风电行业进行有力的支持并已初步显现出成效，各企业和业内人士也均对今后风电发展的势头增添了更多的信心。风电能够带动各地区传统能源消费比重的逐渐下调，风电产业的发展状况对于国家能源结构的调整意义重大。困扰我国多个地区的雾霾若要从根本上加以解决，风电必将是最为关键的环节之一。风电有望成为雾霾的克星，与光伏、燃气等一起为清洁能源行业的发展壮大做出积极贡献。

第二章 风力发电机组结构

风力发电机组是主要用于把风能转换为电能的装置，风力发电机组机型很多，根据长期的实践应用证明，水平轴风力发电机组因其风能利用效率高、控制方便等诸多优点，逐渐成为我国风力发电机组的主流机型。

第一节 风力发电机组的分类

风力发电机一般按风轮轴安装形式、功率控制方式、风轮转速调节、主传动驱动方式等进行分类。

一、风轮轴安装形式

按照风轮轴安装形式可分为水平轴风力机和垂直轴风力机。

（1）水平轴风力机　风轮的旋转轴线与风向平行。水平轴风力机必须具有对风装置，跟随风向的变化而转动，以便吸收来自各个方向的风能。对于小型风力机，这种对风装置常采用尾舵，而对于大型风力机，则利用风向传感器测量风向，经微处理器调整后控制偏航系统进行对风。

水平轴风力机按照风轮相对于塔架的位置可分为上风向风力机和下风向风力机。风轮位于塔架前面的为上风向风力机，风轮位于塔架后面的为下风向风力机。目前风电场采用并网型风力发电机组多为上风向水平轴风力机。

（2）垂直轴风力机　风轮的旋转轴线垂直于地面或气流方向。垂直轴风力机能吸收来自各个方向的风能，无需对风装置，这是相对于水平轴风力机的一大优点，并且传动装置和发电设备均安装在地面，便于维护；但是受叶片制造工艺的限制及拉线式塔架占用大量土地面积等因素，垂直轴风力机一直未得到发展。

二、功率控制方式

按照功率控制方式可分为定桨距风力机、变桨距风力机和主动失速风力机。

（1）定桨距风力机　叶片与轮毂固定连接。在风轮转速恒定的条件下，风速增加超过额定风速时，随着叶片攻角的增加，气流与叶片表面分离，叶片将处于失速状态，叶片吸收的风能不但不会增加，反而有所下降，以确保风轮输出功率在额定范围以内。

定桨距风力机的特点：结构简单不需要变桨机构，同时控制系统也较简单。

但风轮吸收风能的效率较低，特别在风速超过额定风速后，由于叶片的失速作用，输出功率还会有所下降；机组承受的载荷大；机组重量比同类型变桨距风力机重。

(2) 变桨距风力机　叶片与轮毂通过变桨轴承连接，可以通过变桨系统控制叶片的安装角。当风速低于额定风速时，保证叶片在最佳攻角状态，以获得最大风能；当风速超过额定风速后，变桨系统减小叶片的攻角，保证输出功率在额定范围内。

变桨距风力机的特点：结构复杂，需要增加变桨轴承和一套变桨驱动装置，同时控制系统也变得很复杂。然而变桨距风力机能够获得较好的性能，机组出力比相同容量相同风轮的风力机高；风速超过额定风速后叶片承受的载荷较小，机组重量比同类型定桨距风力机轻。

(3) 主动失速风力机　机械机构与变桨距风力机相似，叶片与轮毂通过变桨轴承连接，可以通过变桨系统控制叶片的安装角。但控制上有所差别，当风速低于额定风速时，控制系统根据风速分几级控制叶片的安装角，控制精度低于变桨距控制，并且无须复杂的伺服或比例控制系统；当风速超过额定风速后，变桨系统增加叶片攻角，使叶片产生失速，限制风轮吸收功率的增加，这一点与定桨距风力机的失速调节相类似，因此称为主动失速。

主动失速风力机兼有定桨距风力机和变桨距风力机两者优点的变桨机构，保持风速超过额定风速后平直的功率曲线，控制系统较变桨距风力机简单，是介于定桨距和变桨距风力机之间的一种风力机。

三、风轮转速调节方式

按照风轮转速调节方式可分为恒速风力机和变速风力机。

(1) 恒速风力发电机　使用同步发电机或异步发电机直接连接到电网，发电机转速与电网频率基本保持同步，风轮转速保持恒定不变，包括使用双速发电机的风力机也属于恒速风力发电机。

(2) 变速风力发电机　发电机通过变频器连接到电网，发电机转速不需要与电网频率同步，发电机发出的电能通过变频器输送到电网。变速风力发电机组的风轮转速能在一定范围内调节。

通过变速调节，能使叶尖尖速比更接近最佳叶尖速比，获取更多的风能。通过变速控制，实现风力机与电网的柔性连接，可以减少阵风对风力机的影响，将阵风时风轮捕捉的风能贮存为传动系统的动能，减少传动系统的交变冲击载荷，提高输出功率的稳定性。同时又可减少变桨机构的调整，增加系统的稳定性。通过变速控制，可使风力发电机工作在恒扭矩状态，减小主传动系统的负载。

四、主传功驱动方式

按照主传动系统驱动方式可分为齿轮箱驱动和直接驱动。

(1) 齿轮箱驱动型风力机　选用高速发电机，通过齿轮箱的传动将叶轮的低转速提高到和发电机匹配的转速，带动发电机发电。

(2) 直接驱动型风力机　采用多级发电机，风轮轴直接与发电机连接，不需要齿轮箱增速传动。采用多级发电机，发电机的级数很多，直径也较大。由于大型风力机的风轮转速很低，即使采用多级发电机，其输出频率也远低于电网频率，因此必须采用大功率变频器与电网连接。

第二节　主流风力机组的结构

随着风电行业发展，多数风力场均采用水平轴风力发电机组，水平轴风力发电机组已成为现代风力发电机的主流机型。

水平轴风力发电机均采用上风向、水平轴、三叶片结构、该种机组技术成熟、可靠性好，在我国和世界各地得到广泛应用，根据传动结构不同可分为双馈型、直驱型和混合型。

一、双馈型风力机组

采用风轮、多级增速机、联轴器、发电机的结构，风轮通过增速机多级变速驱动双馈异步电动机，这是目前市场上的主流产品。其优点是技术成熟、市场配套能力好、制造成本低；缺点是轴向尺寸长，结构分散，增速机采用多级增速，速比一般在 1∶100 左右，增速机速比大、转速高，对增速机轴承、齿轮的维护保养要求较高。图 2-1 为双馈型风力发电机组结构和子系统，图 2-2 为典型 SE 7715 型双馈风力发电机组。

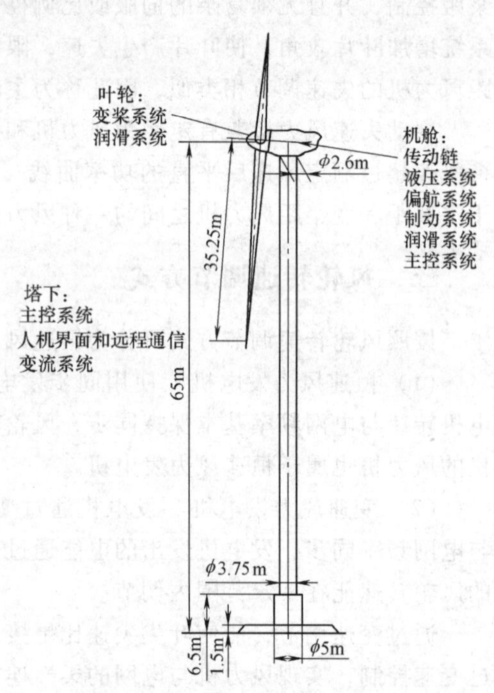

图 2-1　双馈型风力发电机组结构和子系统

二、直驱型风力机组

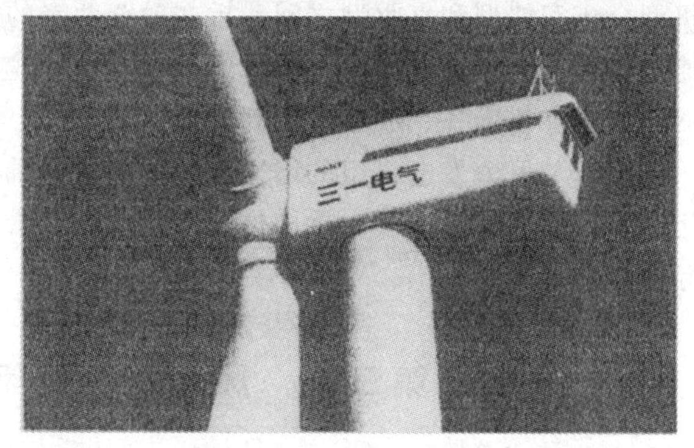

图 2-2 典型 SE7715 型双馈风力发电机组

采用风轮、发电机的结构，风轮直接驱动多级同步发电机。直驱式风力机具有转速低、传动链损失小、正常维护费用低的优点，但多级直驱发电机极数多、体积大、需要大型加工设备、综合成本高。若采用永磁发电机存在消磁、退磁风险。

1.5MW 直驱式发电机直径达到5m 左右，需要大型加工设备，加工成本高，难度大；庞大的直径导致运输尺寸严重超宽，陆路运输会产生额外的费用，由于发电机体积超大、重量超重，还给兆瓦级大型风力发电机组的生产发展带来了严重的制约。

直驱型风力机按风轮直接驱动发电机旋转部位的不同，可以分为外转子式和内转子式；按发电机励磁方式的不同，又可以分为永磁式和交流励磁式。图 2-3 为典型外转子式风力机组，图 2-4 为典型内转子式风力机组。

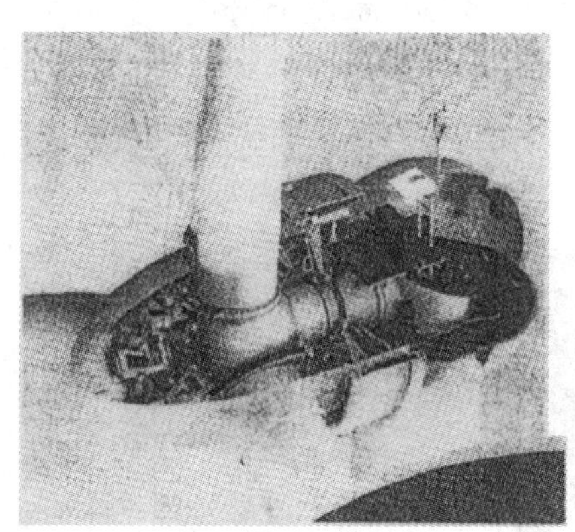

图 2-3 典型外转子式风力机组

图 2-4 典型内转子式风力机组

三、混合型风力机组

采用风轮、增速机、发电机的结构，增速机和发电机依靠法兰紧密连接在一起，一般采用一级行星增速，速比在 1:10 左右。

混合型风力机的特点是增速机采用单级行星式，速比小、发电机极速多。该机型介于双馈型和直驱型之间，旨在融合两者的优点；既解决了双馈型风力机增速机速比大、转速高、易出故障的问题，又能避免直驱型发电机体积大、超重、需超大型加工设备、成本费用高的缺点。

混合型风力发电机组的增速机和发电机同轴直联，结构非常紧凑。但实际应用中，维修极其不方便、重心位置严重前倾，带来整体受力不好的缺点，因此实际应用比较少。

第三节 风力发电机组主要部件

风力发电机组由风轮、风力机组系统、机舱底盘、塔架和基础等几大部分组成。风轮是获取风中能量的关键部件，由叶片、轮毂、变桨系统组成。风力发电机组主要包括主传动系统、偏航系统、液压系统、制动系统、发电机等都在机舱底盘上。机舱底盘的底部与塔架连接。基础和塔架起到支撑风力机的作用，将机组支撑安装到一定高度，以便风轮更好地吸收风能。

并网型风力发电机组由主传动系统、偏航系统、变桨系统、制动系统、液压系统、发电机、冷却润滑系统、控制系统等组成。典型机组的结构如图 2-5 所示。

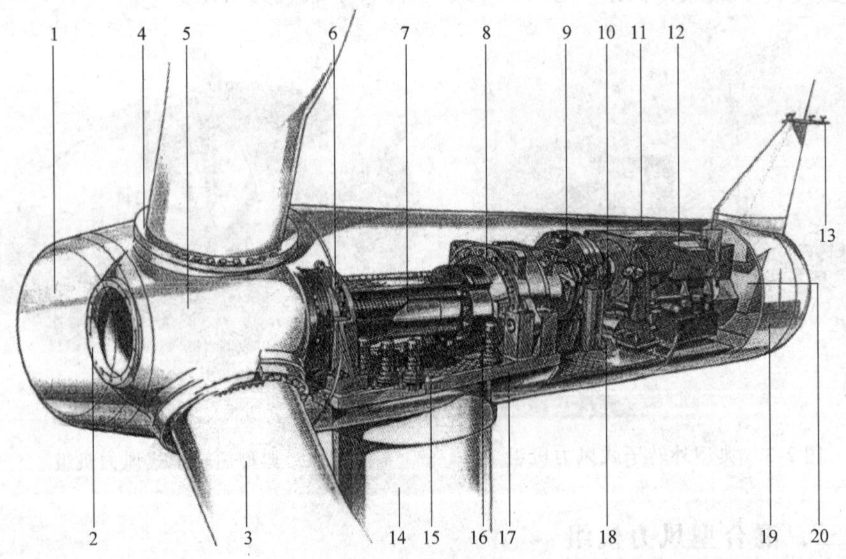

图 2-5 典型机组结构

1—整流罩，可选长整流罩 2—整流罩托架 3—叶片 4—变桨距轴承 5—风轮轮毂 6—主轴承 7—主轴 8—齿轮箱 9—制动盘 10—联轴器 11—维修起重机 12—发电机 13—气象传感器 14—塔筒 15—偏航齿圈 16—偏航齿轮 17—机舱底板 18—油过滤器 19—机舱罩 20—发电机风扇

一、风轮

风轮主要由叶片、轮毂、变桨系统组成。

1. 叶片

叶片具有空气动力外形，在气流作用下产生转矩驱动风轮转动，并通过轮毂将扭矩输入到传动系统。

风轮按叶片数量可以分为单叶片、双叶片、三叶片和多叶片几种，其中三叶片风轮由于稳定性好，在并网型风力发电机组上得到广泛的应用。

（1）叶片的结构类型

1）实心木制叶片　采用优质木材加工而成，由于木材吸收水分容易变形，需在其表面再覆上一层玻璃钢。

2）金属材料叶片　由管梁、金属肋条和蒙皮组成。金属蒙皮做成气动外形，用钢钉和环氧树脂将蒙皮、肋条和管梁粘接在一起。

3）玻璃钢叶片　由梁和具有气动外形的玻璃钢蒙皮做成，玻璃钢蒙皮较厚，具有一定的强度。同时，可以在玻璃钢蒙皮内填充泡沫，以增加强度。

目前，并网型风力发电机组大多采用玻璃钢叶片。玻璃钢叶片具有重量轻、容易成形、耐腐蚀、疲劳强度好、易于修补等优点。

玻璃钢结构的梁作为叶片的主要承载部件，梁常有矩形、I 形和 C 形等形式。常用的玻璃钢结构叶片如图 2-6 所示。

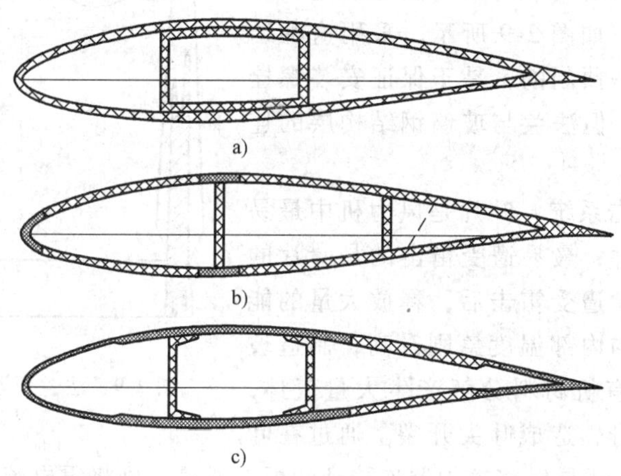

图 2-6　玻璃钢结构叶片

a）矩形梁结构叶片　b）I 形梁结构叶片　c）C 形梁结构叶片

（2）叶根连接结构型式　叶片通过叶根用螺栓与轮毂连接，叶根的结构有螺纹件预埋式、钻孔组装式和法兰预埋式等结构。

1）螺纹件预埋式。在叶片成形过程中，直接将经过特殊表面处理的螺纹件预埋在玻璃钢中。这种结构形式连接最为可靠，避免了对玻璃钢结构层的加工损伤，唯一要求是每个螺纹件的定位必须准确。其结构型式如图 2-7 所示。

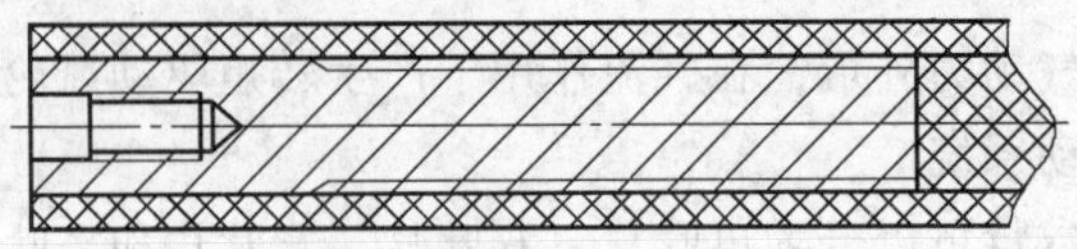

图 2-7　螺纹件预埋式叶根连接

2）钻孔组装式。叶片成形后，用专用钻床和工装在叶根部位钻孔，将螺纹件装入，如图 2-8 所示。这种方式要在叶片根部的玻璃钢结构层上加工出几十个 ϕ80mm 以上的孔，损伤了玻璃钢的结构整体性，降低了叶片根部的结构强度。而且螺纹件的垂直度不易保证，容易给现场组装带来困难。

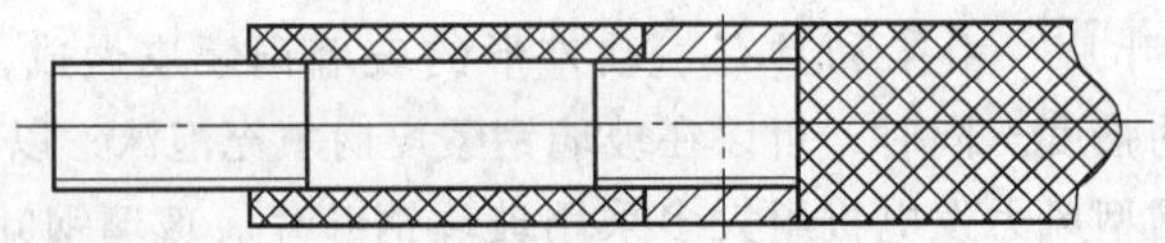

图 2-8　钻孔组装式叶根连接

3）法兰预埋式。将预先加工并经过钻孔、攻螺纹的铝制或不锈钢制法兰预埋到玻璃钢结构层中，如图 2-9 所示。采用这种结构，由于法兰是预制的，易于保证安装螺栓孔的位置精度，但法兰与玻璃钢结构层的连接较困难。

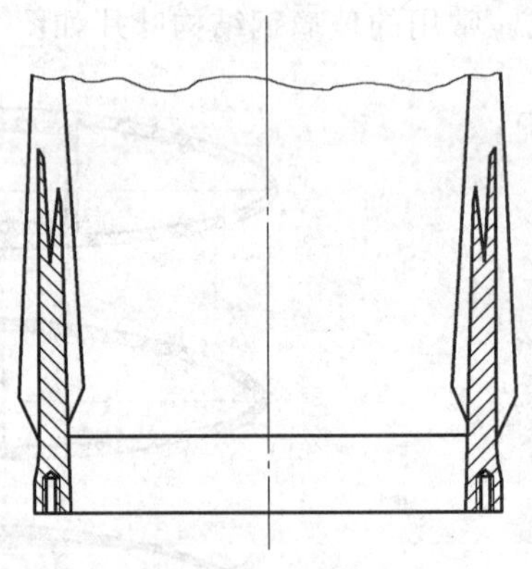

图 2-9　法兰预埋式叶根连接

（3）防雷击系统　叶片是风力机中最易遭受雷击的部件，最易遭受雷击的是叶片的叶尖部分。叶尖遭受雷击后，释放大量的能量，使叶尖结构内部温度急剧升高，制造玻璃钢的树脂等有机材料分解产生大量气体，叶片内气压上升，造成叶尖开裂。通过在叶尖预埋接闪器，用导线将接闪器连接到叶根，通过电刷将雷电流引向机舱，再经过机舱内的接地系统，将雷电流引向大地，可有效地避免叶片遭受雷击。接闪器的结构如图 2-10 所示。

2. 轮毂

轮毂是连接叶片与主轴的部件，将叶片承受的各种力和力矩传递到传动系统。常用的轮毂形式有刚性轮毂和铰链式轮毂两种类型。

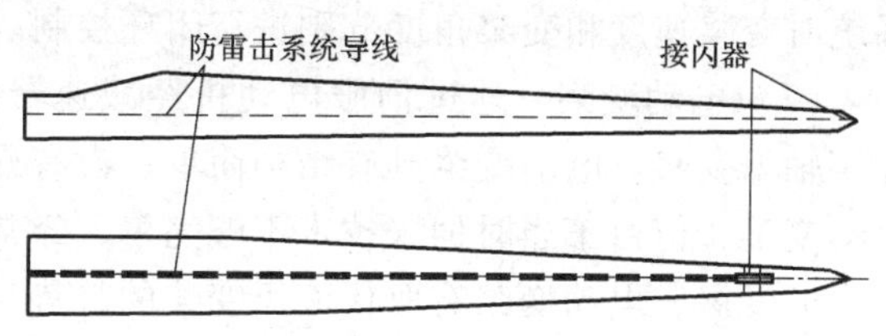

图 2-10　接闪器的结构

（1）刚性轮毂　具有制造成本低、维护少、没有磨损等特点。三叶片风轮大部分采用刚性轮毂，也是目前使用最广泛的一种形式。结构上有球形和三通形两种，其结构如图 2-11 所示。百千瓦级风力发电机组的轮毂多采用三通形；兆瓦级机组由于叶片连接法兰较大，轮毂受到制造和运输体积、重量等的限制，不可能做得很大，多采用球形轮毂。轮毂多采用球墨铸铁铸造成形。

（2）铰链式轮毂　常用于单叶片和两叶片风力机。轮毂的铰链轴和叶片轴及风轮旋转轴互相垂直，叶片在挥动方向、摆振方向和扭转方向上都可以自由活动，也可以称为柔性轮毂。由于铰链式轮毂具有活动部件，相对于刚性轮毂来说，制造成本高，可靠性相对较低，维护费用高；它与刚性轮毂相比，所受力和力矩较小。对于两叶片风轮，两个叶片之间是刚性连接的，可绕连接轴活动。当气流有变化或阵风时，叶片上的载荷可以使叶片离开原风轮旋转平面。

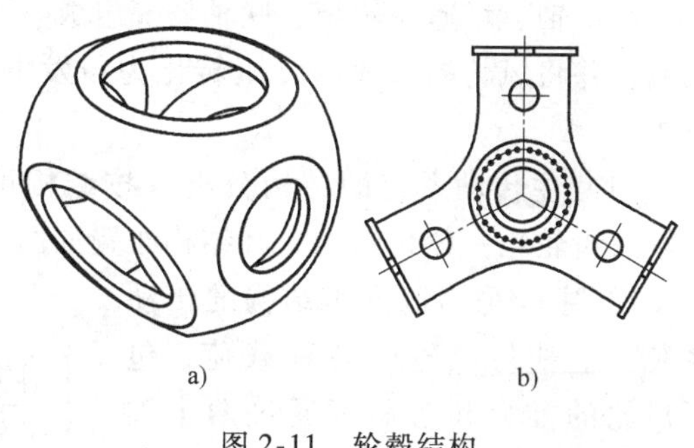

图 2-11　轮毂结构
a）球形轮毂　b）三通形轮毂

3. 变桨系统

变桨系统有液压变桨系统和电动变桨系统两种类型。

（1）液压变桨　又可分为液压驱动机械变桨和三叶片独立液压变桨两种。

1）在百千瓦级的液压变桨系统中，多采用液压驱动机械变桨结构。安装在机舱后部的一个变桨液压缸，通过一根穿过主轴和齿轮箱的变桨杆驱动安装在轮毂内的曲柄滑块机构，带动 3 个叶片同步转动。叶片的角度由液压缸的位置决定。这种控制方式较为简单，但是变桨机构中任何一个叶片的传动机构或变桨轴承损坏卡死后，都将造成 3 个叶片都无法变桨。

2）兆瓦级机组多采用　叶片独立液压变桨机构，3 个叶片由安装在轮毂内 3 个液压缸分别控制，通过控制系统控制 3 个叶片的同步变桨。其液压和变桨控制系统都很复杂，并安装在轮毂内。但任何一个叶片的变桨机构出故障后，其余两个叶片的变桨机构仍能正常工作，保障机组的安全。

液压变桨通过比例阀或伺服阀配合伺服液压缸或线性传感器组成的闭环控制

系统对变桨速度和变桨角度分别进行闭环控制。

(2) 电动变桨　通过伺服电动机经减速器减速后，通过开式齿轮传动带动变桨轴承变桨。电动变桨具有结构简单、没有漏油等特点。最早的变桨机构就是电动变桨，但由于当时伺服技术不够完善，经常出现故障或事故。随着现代伺服技术的发展，电动变桨有取代液压变桨的趋势。

二、风力发电机组主要系统

风力发电机组主要由主传动系统、偏航系统、液压系统、制动系统、发电机等组成，均安装在机舱底盘上。

1. 主传动系统

由主轴、增速齿轮箱、联轴器等组成。主传动系统将风轮的各种载荷传递到机舱，并将风轮的转速、转矩转化为与发电机相匹配的转速、转矩，传递给发电机。

(1) 主传动系统的结构分类　按结构可以分为主轴双支承、主轴单支承、主轴及齿轮箱一体化结构。其结构布置如图 2-12 所示。

1）主轴采用双支承结构的传动系统。主轴将风轮的各种载荷，包括风轮的推力和弯矩等通过两个轴承传递到机舱，但仅将转矩传递到齿轮箱，且齿轮箱承受的载荷较小。齿轮箱低速轴以轴装的形式用收缩盘刚性连接在主轴末端，齿轮箱左右两端安装有弹性的转矩支承系统，以承受低速轴的反作用转矩。采用这种结构，齿轮箱承受的外部载荷小，并且可以在不拆卸风轮的情况下拆卸齿轮箱。

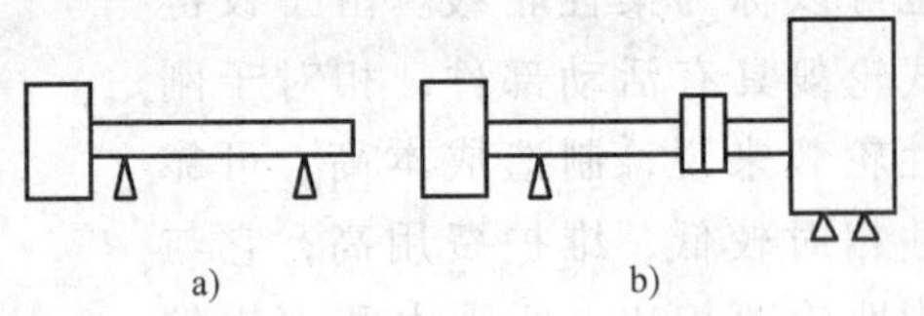

图 2-12　主传动系统的结构布置
a) 主轴双支承结构　b) 主轴单支承结构

2）主轴采用单支承结构的传动系统。主轴末端与齿轮箱通过收缩盘刚性连接，通过主轴支承、齿轮箱左右安装端耳形成三支承结构，风轮的各种载荷由主轴和齿轮箱共同承受。

3）主轴及齿轮箱一体化结构的传动系统。主轴成为齿轮箱的一部分，承担风轮的全部载荷，同时齿轮箱箱体又成为机舱底盘的一部分，减少了机舱底盘的尺寸和重量。采用这种结构的传动系统结构紧凑，且轴向尺寸短，因主轴、齿轮箱为一体，同轴度好，并且主轴轴承与齿轮箱一起采用油润滑，润滑效果好，维护也很方便。

(2) 联轴器　安装在齿轮箱和发电机之间，将齿轮箱的输出转矩传递到发电机。风力机中的联轴器常采用挠性联轴器，用于补偿齿轮箱输出轴与发电机轴的不同心。常用的联轴器有十字轴式双万向联轴器、橡胶弹性联轴器、膜片式联轴器等。

1）十字轴式双万向联轴器。利用十字轴之间的关节轴承补偿连接轴之间的不同心。采用这种联轴器需要定期润滑关节轴承，维护工作量大，并且关节轴承间为刚性连接，没有缓冲作用，耐冲击性能差。

2）橡胶弹性联轴器。采用橡胶弹性元件补偿连接轴之间的不同心，具有很好的补偿和缓冲作用，且无须维护。因橡胶有老化现象，需要定期检查并更换。

3）膜片式联轴器。采用复合材料做成的膜片作为弹性元件，由于复合材料强度高、弹性好，因此这种联轴器重量轻，并有很好的缓冲和补偿能力，目前被广泛使用。

2. 偏航系统

偏航系统用于调整风力发电机组的方向，使风轮始终处于对准风的方向，以获取最大风能。偏航系统由偏航轴承、偏航驱动装置、偏航制动器或阻尼器等几部分组成。

（1）偏航轴承　常用的偏航轴承有滑动轴承和回转支承两种类型，如图2-13所示。

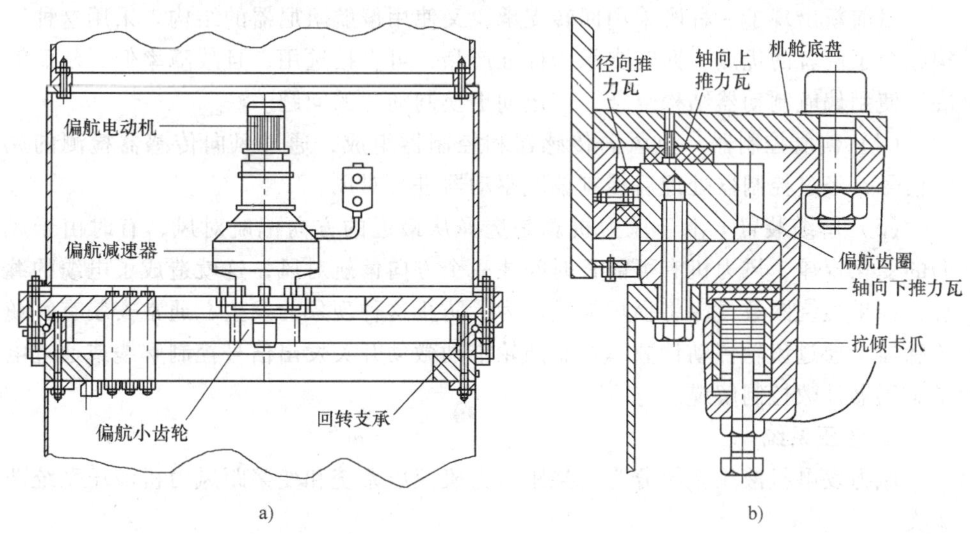

图 2-13　偏航系统结构

a）回转支承　b）滑动轴承

滑动轴承常用工程塑料做轴瓦，这种材料即使在缺少润滑的情况下也能正常工作。轴瓦分为轴向上推力瓦、径向推力瓦和轴向下推力瓦三种类型，分别用来承受机舱和叶片重量产生的平行于塔筒方向的轴向力、叶片传递给机舱的垂直于塔筒方向的径向力和机舱的倾覆力矩，从而将机舱受到的各种力和力矩通过这三种轴瓦传递到塔架。

回转支承是一种特殊结构的大型轴承，它除了能够承受径向力、轴向力外，还能承受倾覆力矩。这种轴承已成为系列化产品而大批量生产，可直接选用，目前大多数风力机都采用这种轴承。

(2) 偏航驱动装置　通常采用开式齿轮传动。齿圈部分固定在塔架顶部静止不动，小齿轮由安装在机舱上的驱动器驱动带动机舱旋转。偏航驱动器常采用多台电动机驱动，并通过齿轮减速器得到合适的输出转速和转矩。为了保证偏航的稳定性，偏航速度一般控制在 0.1r/min 或更慢。

(3) 偏航制动器或阻尼器　为了保证风力机在停止偏航时，不会因叶片受风载荷而被动偏离风向的情况，偏航系统上都装有偏航制动器或阻尼器。

偏航制动器主要有鼓式制动器和盘式制动器两种。因偏航制动力矩大，常采用多制动器结构，但它有结构复杂、成本高、维护工作量大等缺点。

采用滑动轴承的偏航系统，因轴瓦处于干摩擦和边界摩擦状态，且摩擦阻力较大，加上下推力瓦上弹簧的压力，起到了调节偏航阻尼的作用，并不会产生被动偏航的现象，无须再增加偏航制动器。

目前新出现了一种既采用回转支承，又使用偏航阻尼器的结构。采用这种结构综合了两者的优点，回转支承为标准产品，可直接选用，且故障率低，从而解决了使用偏航制动器结构复杂、需定期更换制动片的问题。

(4) 偏航控制器　由风向传感器和控制器组成，通过风向传感器检测的风向信号，经过控制器处理后控制偏航驱动器进行对风。

(5) 解缆装置　由于风力机总是选择从最近的方向偏航对风，有时由于风向的变化规律，风力机有可能长时间往一个方向偏航对风，这就造成了电缆的缠绕，如果缠绕圈数过多将损坏电缆。为了防止这种现象的发生，通常安装有解缆传感器。通过齿轮传动计数，控制凸轮推动微动开关发出信号控制解缆或通过电子编码器计数控制解缆。

3. 液压系统

风力发电机液压系统分为定桨距风力机液压系统和变桨距风力机液压系统两大类。

(1) 定桨距风力机的液压系统　用于驱动和控制各种制动器。液压系统的执行机构通常有叶尖挠流器、机械制动器和偏航制动器。采用一套液压站集中供油或各制动器都有独立的液压站供油。

采用集中供油的液压站使用不同的电磁阀控制各个制动器，液压站安装在机舱中，通过液压旋转接头给安装在轮毂内的驱动叶尖挠流器的液压缸供油，因旋转接头长期工作而磨损会造成漏油，需定期更换。定桨距风力发电机组液压系统原理如图 2-14 所示。

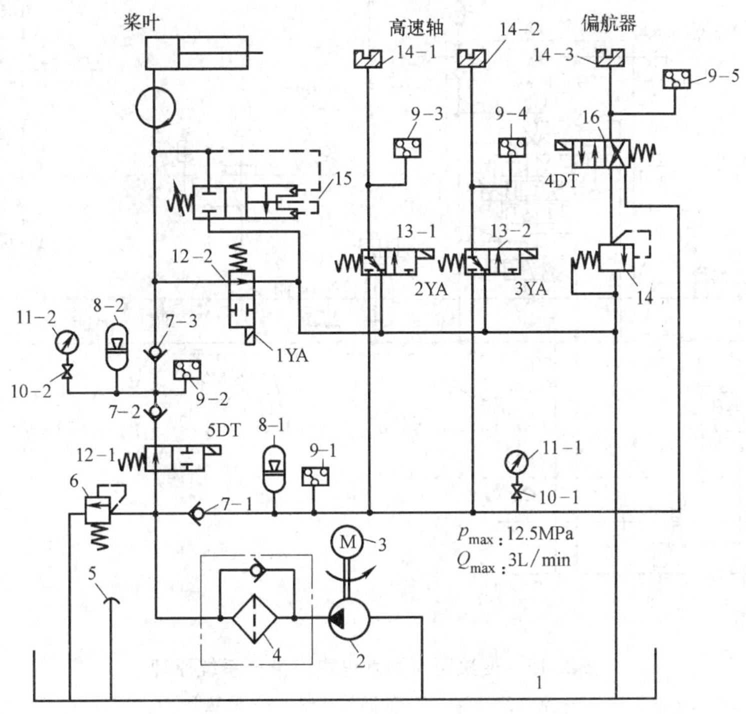

图 2-14　定桨距风力发电机组液压系统原理

1—油箱　2—液压泵　3—电动机　4—高压滤清器　5—油位计　6—溢流阀　7—单向阀　8—蓄能器　9—压力继电器　10—针阀　11—压力表　12—电磁阀（1）　13—电磁阀（2）　14—制动钳　15—突开阀　16—电磁阀（3）

采用独立供油的液压系统，在机舱和轮毂上各安装一套液压站，分别驱动叶尖扰流器和机械制动器。由于液压站安装在轮毂上并随轮毂一起转动，为了防止油箱内的液压油在转动过程中漏油和泵的吸空作用，油箱使用全封闭的压力油箱。油箱内有一个充有一定压力的气囊，以补充泵送出的压力油。液压站通过电刷、集电环供电，并将信号传送到控制器。

（2）变桨距风力机的液压系统　采用液压变桨距的液压系统用于驱动变桨机构和机械制动器。变桨控制采用比例阀进行控制，在应急顺桨状态下，变桨控制电磁阀断电，旁路比例阀、变桨控制电磁阀直接控制变桨液压缸工作，压力油经减压阀减压后供机械制动器工作。变桨距风力发电机液压系统原理如图 2-15 所示。

4. 制动系统

风力发电机组制动系统主要采用两套互相独立的制动器，即为空气制动器和

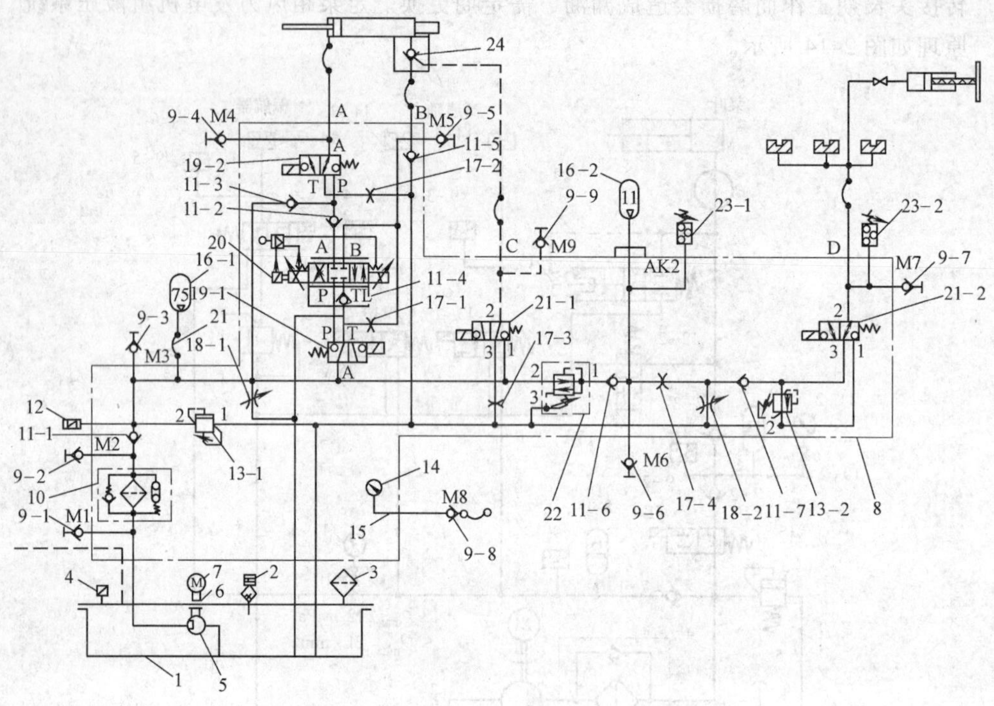

图 2-15 变桨距风力发电机组液压系统原理

1—油箱 2—油位计 3—空气滤清器 4—油温传感器 5—液压泵 6—联轴器 7—电动机 8—集成块 9—测压接头 10—高压滤清器 11—单向阀 12、23—压力继电器 13—溢流阀 14—压力表 15—压力表接口 16—蓄能器 17—节流阀 18—针阀 19、21—电磁阀 20—比例阀 22—减压阀 24—液控单向阀

机械制动器。

(1) 空气制动器 也是风力机的主制动器。空气制动器具有对风力机传动系统无冲击、无机械磨损等优点。但空气制动器不能使风轮完全停止转动，在维修或需要风轮完全停止转动的情况下，还需要机械制动器配合使用。

定桨距风力机的空气制动器采用叶尖扰流器结构。叶片的叶尖部分做成可以在叶片主体上旋转的部分称为叶尖扰流器。安装在每根叶片根部的液压缸，通过连接在液压缸活塞杆和叶尖轴之间的钢丝绳驱动叶尖运动。正常运行时，液压缸驱动叶尖收回，使叶尖与叶片主体靠拢并成一整体工作。制动停机时，液压系统泄压，叶尖在离心力和弹簧力的作用下弹出。由于叶尖轴上螺旋导槽的作用，叶尖在弹出的同时绕叶尖轴旋转，与叶片主体成90°角，以起到制动作用。叶尖扰流器的结构如图 2-16 所示。

变桨距风力机通过变桨系统的全叶片应急顺桨来实现空气制动。

（2）机械制动器　这是风力机的辅助制动器，用于配合空气制动器进行制动停机或维修时需要机组完全停止时使用。

定桨距风力机的机械制动器用于配合风力机进行停机操作。正常停机时，叶尖扰流器先工作，当风轮转速下降到大约为额定转速的一半时，机械制动器工作制动停机。在紧急停机情况下和主制动器同时制动停机。即使在叶尖扰流器失效的情况下，也能起到主制动器的作用进行制动停机。定桨距风力机的机械制动器常安装在齿轮箱高速轴上。

风力机中的机械制动器一般采用液压制动器，液压制动器有常开和常闭两种类型。常开型制动器使用液压力进行制动，在电网停电的情况下，靠贮存在液压系统蓄能器中的压力油进行制动。常闭型制动器采用液压力进行松闸，靠制动器中的弹簧进行制动，具有更高的安全性和可靠性。

安装在齿轮箱高速轴上的机械制动器如图 2-17 所示。

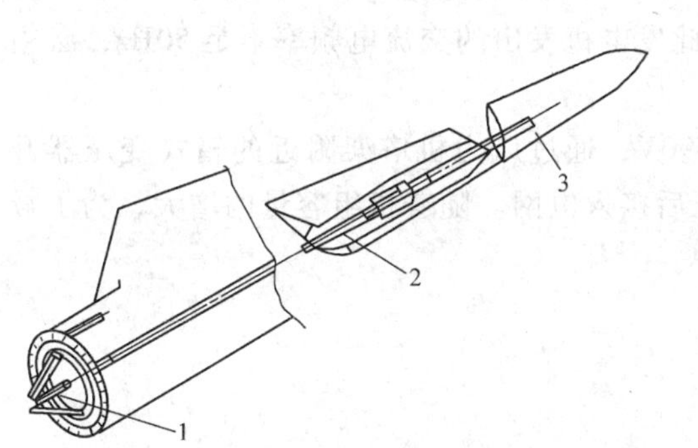

图 2-16　叶尖扰流器的结构
1—液压缸　2—弹簧　3—叶尖扰流器

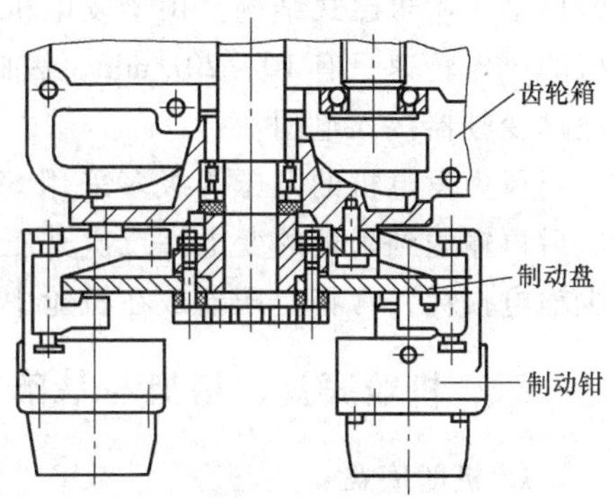

图 2-17　安装在齿轮箱高速轴上的机械制动器

5. 发电机

发电机的作用是将风轮的机械能转换为电能，分为异步发电机和同步发电机两种。异步发电机又可分为笼型和绕线转子异步发电机两种。

（1）异步发电机

1）笼型异步发电机。工作在发电状态，由于风力机经常工作在额定功率以下，因此要求这种发电机在低负载情况下要有高的效率。为了提高低风速段的风能转化效率，这种发电机常做成双绕组双速发电机，通过切换绕组进行高低速切换。笼型异步发电机多用于定桨距风力机，通过晶闸管软并网系统直接与电网连接，其转差率大约为 0.01，因此使用这种发电机的风力发电机组是恒速风力机。

2）绕线转子异步发电机，这是一种感应发电机，其转子做成绕线转子结构，通过外接电阻调整转子的转差，从而提高发电机的起动性能。由于转差可调，因此其转速可以在一定范围内调整。

3）双馈发电机　在绕线转子异步发电机的转子上通过变频器加上交流励磁，通过调整转子变频器的频率即可控制发电机的转速。这种发电机具有功率因数可调并可发无功的特点，并且在超同步状态下，转子可向电网输送有功功率。这种发电机使用在变桨、变速风力机上，目前广泛用于主流风力发电机组中。

（2）同步发电机

1）同步发电机的并网方式，一种是准同期直接并网，这种方法在早期的风力发电机组中常采用。另一种是交-直-交并网。近年来，由于大功率电子元器件的快速发展，变速恒频风力发电机组得到了迅速的发展。同步发电机也在风力发电机中得到广泛的应用。

2）直接驱动式同步发电机。直接驱动式风力发电机采用多级式同步发电机，这种发电机的直径很大、长度很短。为了减少发电机的维护，直接驱动式发电机多采用永磁式结构。由于发电机的级数不可能做得非常多，目前兆瓦级风力机的风轮转速只有10～20r/min，因此发电机发出的交流电频率不足50Hz，必须通过变频器接入电网。

风力发电机的电压等级多采用690V，通过风力机塔架附近的箱式变压器升压后再输送到附近的变电站二次升压后接入电网。随着机组容量的增大，为了减少输电损耗，常将变压器放在机舱中。

三、机舱底盘、塔架与基础

1. 机舱底盘

机舱底盘是风力发电机组的底座，风力发电机组的主要系统和部件都安装在它上面。因此，要求机舱底盘有足够的机械强度和刚度，并且重量轻，有足够的抗振性能。机舱底盘常采用铸造或焊接结构。随着机组容量和体积的增大，为了改善其加工性能，机舱底盘多设计成分体结构拼接而成。

2. 塔架

塔架可支撑机舱和风轮到一定的高度，以便更好地吸收风能。随着机组容量的增加，塔架高度和重量也相应增加。随着机组容量和塔架高度的增加，塔架重量占机组重量的比例越来越大。

塔架按照结构材料可分为钢结构塔架和钢筋混凝土塔架。

（1）钢筋混凝土塔架　在早期风力发电机组中，大量采用钢筋混凝土塔架，后来由于风力发电机组批量化生产，从批量生产的需要而被钢结构塔架所取代。近年来随着风力发电机组容量的增加，塔架的直径增大，使得塔架运输出现困难，又有以钢筋混凝土塔架取代钢结构塔架的苗头。

（2）钢结构塔架　按结构类型可分为桁架式和锥筒式两种。

1）桁架式塔架。在早期风力发电机组中大量使用，其主要优点是制造简单、成本低、运输方便，但其主要缺点是不美观、安全性差、不便于维护等。

2）锥筒式塔架。在当前风力发电机组中大量应用，其优点是美观大方，登塔时安全可靠，控制器等设备可直接安装在塔架内。塔架内设置有直梯和平台，以便于登塔。随着机组容量的增大和塔架的增高，塔架内常安装有登塔助力装置或电梯，以便于登塔。

3. 基础

根据风电场建设场地不同，可分为陆地风力发电机组和海上风力发电机组的基础。

（1）陆地风力发电机组的基础　按照地质条件件可分为块状基础和桩基础。当天然地基的承载力足够时，多采用块状基础。块状基础结构简单、造价低、工期短。当地基浅层土质软弱时，使用桩基础，在土壤中打入20～30m的钢筋混凝土桩或钢桩，再在上面浇注混凝土平台。

基础由钢筋混凝土组成，通过预埋地脚螺栓或基础环与塔架连接。使用地脚螺栓结构的基础时，地脚螺栓需要预埋在基础内。由于对地脚螺栓安装位置度的要求较高，地脚螺栓需要使用模板安装。使用基础环结构的基础，施工效率高，但安装基础环需要使用起重机械，并对基础环安装法兰进行找平。目前，使用基础环结构的基础正在逐渐取代使用地脚螺栓结构的基础。

（2）海上风力发电机组的基础　目前主要有以下几种：

1）重力基础。先将海上风电机组基础在陆地上用混凝土制成，然后运到海里指定位置安放，用砾石和砂子堆在周围，靠重力固定风力发电机组。目前运用的新技术是用钢板制成圆筒型，并在底上焊接平钢板。其优点是重量轻，便于普通船运和与吊装风力发电机相同的设备在海里安放，然后填充密度很大的橄榄石。

2）单桩基础。将风力机的塔架延伸到水里，用钻孔或撞击的方式将塔架底部插入海床。目前东海示范海上风电场，采用的就是这种单桩基础。

3）三角架式基础。类似海上石油钻台的三角架式基础，用于较深的海上风电场。有关资料研究表明，采用钢结构的基础比混凝土的成本约低35%，尤其是水深超过10m时，钢结构更经济。可以采用阴极保护技术防止钢材的腐蚀。

目前，风力发电机组设计寿命是20年，在海上使用可达25年。基础的成本很高，如果所建基础可以使用50年，第一台机组拆除后用同一个基础再换一台新风电机组，接着使用25年，发电成本能减少25%～33%。

第三章 风力发电机组并网运行

风力发电是利用风能来发电，而风力发电机组是将风能转换为电能的设备。通过风轮将风能转换为机械能，再通过发电机将机械能转换为电能并网。由于风速的变化和不稳定性，使风力发电机组承受十分复杂的交变载荷，所以做好风力发电机组并网运行具有十分重要的意义。

第一节 风电运行并网消纳

一、我国风电消纳面临困境

1. 风电消纳矛盾突出

大规模风电消纳一直都是世界性难题，与国外相比，我国的风电消纳问题更为突出。一是我国风资源集中、规模大，远离负荷中心，如蒙西、蒙东、甘肃、冀北 4 个地区风电装机总规模占全国的 50%，而用电量仅占全国的 10%，且难以就地消纳，这与欧美国家风力资源分散、就地平衡为主的发展方式有很大不同。如美国、西班牙等国 80% 以上的风电是分布式接入 10kV 及以下电网，规模较小，可就地消纳。二是风电建设速度超出本地区电力消纳能力的增长速度，风电并网规模超出电网外送能力。如 2014 年送受电力参与平衡后，东北区域电力供应富余仍达到 20GW，加之外送能力的不足，这也是造成电力富余的根本原因。三是我国风电集中的“三北”地区电源结构单一，抽水蓄能、燃气电站等灵活调节电源比重不足 2%，特别是冬季由于供热机组比重大，调峰能力十分有限。吉林电网最大峰谷差率 40%，冬季供热机组占火电比重超过 90%，调峰深度只有 10% 左右。而欧美等国快速跟踪负荷的燃气电站及抽水蓄能比例高，西班牙为 34%，是风电的 1.7 倍；美国高达 47%，是风电的 13 倍。

总之，目前从局部看，“三北”地区受市场规模小、调峰资源有限等因素制约，如果没有外送通道的支持，进一步建设大规模风电场的空间已经很有限。但从全国范围来看，风电仅占电源装机比重约 6% 的份额。尽管中东部地区调峰资源较为丰富，但消纳风电的市场潜力却未充分发挥。故风电只能就地消纳和平衡，难以在全国范围内优化配置，导致风电资源的严重浪费。

2. 风电运行消纳总体情况

在近五年，风电上网电量的增幅一直高于全国发电量的增幅，说明其在各类电源发电量中所占的比例不断提高。2011 年时，风电上网电量占全国总发电量的 1.67%，到 2015 年则已占到 3.3%。图 3-1 为 2011 ~2015 年我国风电上网电量情况，图 3-2 为 2011 ~2015 年风电上网电量在总发电量中的占比情况。

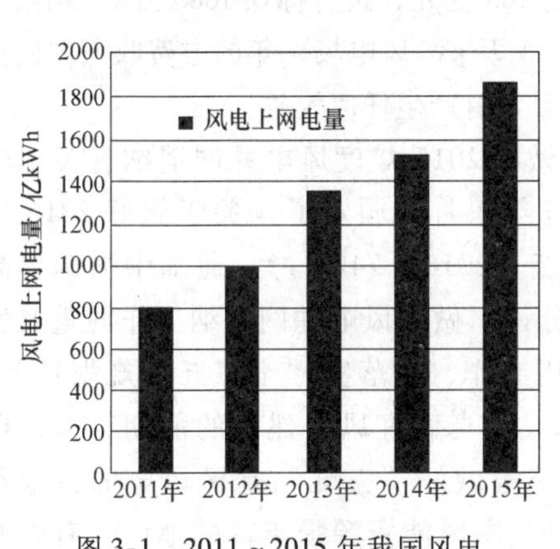

图 3-1 2011 ~2015 年我国风电上网电量情况

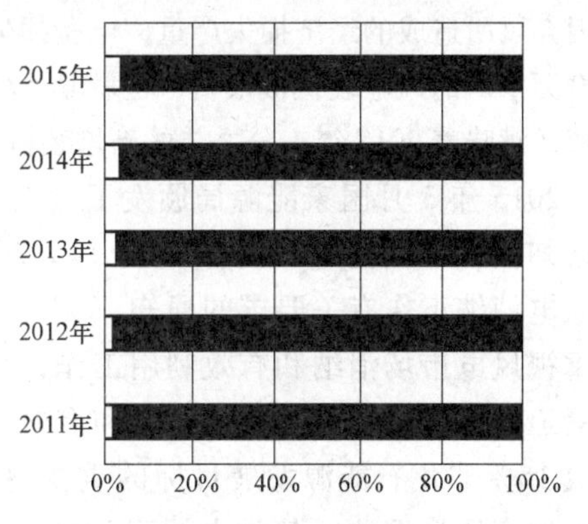

图 3-2 2011 ~2015 年风电上网电量在总发电量中的占比情况

2013 年风电累计发电量达到 134.9TWh，同比增长 34%，占全社会用电量比例为 2.5%。2015 年风电上网电量达到了 1863 亿 TWh。2015 年的风电上网电量相比于 2011 年 45% 以上、2012 年 40% 以上和 2013 年 35% 以上的增长幅度，2015 年风电上网电量同比增长相差甚远，仅超过了 20%。但这已经比 2014 年的 10% 的增幅提高了不少。

2013 年全国风电平均利用小时数达到 2046h；2014 年由于自然条件风速降低，所以全国风电平均利用小时数为 1893h；2015 年因弃风限电等因素，全国风电平均利用小时数为 1728h。

依靠大电网，蒙东电网风电日发电量占比分别创历史新高。2013 年 4 月 25 日 5：40，蒙东风电瞬时出力占负荷比例最大达到 111%，当时火电运行出力 6310MW，风电出力 2930MW，当地电网负荷仅 2640MW，需外送电力达 6760MW，国家电网为风电消纳起到了主要作用。

二、弃风问题虽有改善，形势依然严峻

2013 年，我国风电并网和消纳曾取得积极成效，严重的弃风限电问题得到有效缓解，全国除河北省张家口地区外，内蒙古、吉林、甘肃酒泉等弃风严重地区的限电比例均有所下降，全国风电平均利用小时数同比增长 180h 左右，弃风电量同比下降约 5TWh。累计弃风比例 11%，同比下降 6 个百分点。其中，东北地区累计弃风电量 5905GWh，同比降低 30%；辽宁、吉林、蒙东弃风电量同比下降 9%、3%、52%。

到了2015年，弃风率与2013年和2014年相比又有了明显升高，达到了15%。虽然公布数据显示弃风率并不是近五年中最高的，但由于机组并网容量逐年提高，弃风电量在2015年创出历史之最，达到了339亿KWh，比2014年高出一倍以上。2015年因弃风所造成的经济损失严重，电费损失达183亿元，折合标煤1088万t。相当于2000万kW的风电装机被浪费，也就是400个5万kW风电场一年的电费收入白白损失掉，意味着2015年三分之二的新增装机容量没有产生任何效益。

2015年3月国家能源局颁发了《关于做好2015年度风电并网消纳有关工作的通知（国能新能［2015］82号)》，2016年3月又颁发了《关于做好2016年度风电消纳工作有关要求的通知（国能新能［2016］74号)》。通知中强调要高度重视风电市场消纳和有效利用工作，充分认识做好风电并网消纳工作的重要性和紧迫性；做好风电的市场消纳和有效利用工作，是落实“十三五”规划任务，完成15%非化石能源发展目标的重要保障。认真做好风电建设的前期工作，严格控制弃风严重地区各类电源建设节奏。统筹做好“三北”地区风电的就地利用和外送基地的规划工作，“三北”地区是我国风能资源最丰富的地区，有效利用“三北”地区的风能资源是我国风电发展的重要任务。加快中东部和南方地区风电的开发建设；近年来，推动风电建设向消纳能力强的中东部和南方地区布局的工作已取得了积极成效，目前中东部和南方地区风电并网装机容量已接近风电总装机容量的20%。加强风电场的建设和运行管理工作，认真落实可再生能源发电全额保障性收购制度，深入挖掘系统消纳风电的潜力，以及积极开拓风电供暖等风电消纳方式。

据统计显示，在2010～2015年间，全国因弃风损失的电量共达998亿KWh，接近于三峡、葛洲坝两座水电站在2015年的发电量。期间电费损失539亿元，相当于北京市一年的电费支出。因此造成的严重污染，相当于多燃烧标煤3226万t，多排放二氧化碳8200万t，其他有害物，如烟尘、二氧化硫、氮氧化物共计超过33万t。

自2014年，全国风电弃风限电问题虽进一步缓解，除新疆维吾尔自治区外，其他地区弃风限电比例均有所下降。但受当年风速偏小等因素的影响，全国风电平均利用小时数同比下降约180h，可见弃风限电问题仍是影响我国风电健康发展的主要矛盾。

三、电网企业配合做好相关工作

面对我国风电产业持续快速发展，电网企业需密切跟踪风电项目进展，及时调整配套电网工程建设时序，加快风电送出工程建设，以满足风电接入电网的需要。在风电场按规定程序核准建设的情况下，积极配合风电场至电网第一落点的风电接入系统工程，做到与风电场整体工程同步建设、同步投产。

1. 加快配套电网建设，保障风电项目及时并网

目前，我国成为全球风电规模最大的国家，并网风电发电装机容量已突破1亿kW，国家电网是目前全球接入新能源规模最大的电网。十二五期间，我国风电装机容量年均增长29%，发电量年均增长29%。新能源在15个省（区）已成为第二大电源，其中11个在三北地区，占比均超过10%，冀北、甘肃、蒙东、蒙西新能源装机比重均超过30%。我国风电运行水平与国外先进水平基本相当。截至2015年11月底，国家电网调度范围内19个省区基本不弃风，23个省区基本不弃光，弃风和弃光比例超过15%的省份为4个和2个。

2. 优化调度，提高风电消纳水平

充分利用现有输电通道，优先安排风电发电，将风电纳入日前调度计划，为风电消纳预留充足电量空间；优化常规电源运行方式，加强供热机组监控，充分发挥抽水蓄能等灵活调节电源作用，优化跨省区联络线运行，最大限度挖掘系统消纳能力。

3. 建立世界上规模最大、信息最全面的风电场实时监控系统

建立大型风电场实时监控系统可实现经营区域内全部风电场的实时监测和自动控制。同时，建立专门服务新能源的电网气象数值预报中心，使风电预测系统实现全覆盖，并预报精度达到国际先进水平。

4. 依靠自主创新，不断攻克风电发展难题

目前，大规模新能源消纳还面临诸多难题与挑战：一是用电需求增长放缓，消纳市场总量不足；二是电源结构不合理，系统调峰能力严重不足；三是电网发展滞后，新能源送出和跨省跨区消纳受限；四是市场化机制缺失，影响新能源消纳。

为实现我国新能源大规模开发和高效利用，国家电网公司加强统筹规划、市场化建设与调峰电源管理，在电源环节提高电源灵活性，在电网环节扩大电网范围，在负荷环节实施需求侧响应、增加用电需求。通过各方共同努力，多措并举，推动新能源又好又快发展。近年累计投入40多亿元，开展风光电接入、运行、控制技术研究，建成全球最大的风光储输示范工程，并掌握了先进的新能源发电与送出联合调控技术还不断完善新能源标准体系，编制修订新能源相关企业标准54项、行标46项、国标30项，主导编制国际标准1项，以大力服务行业发展。同时也加大科技研发投入，开展企业自主新能源研究课题126项，国家科技课题41个，建成20余项新能源科技示范工程，带动新能源创新发展。

四、监管和政策执行到位

风电作为新型能源生产模式，对监管单位和政策执行也提出新的挑战。如果监管政策难以适应风电的特性和市场规律，势必将造成监管的真空地带和产业病灶。目前风电的监管可以分为产业链前端的制造业质量的监管、风电并网消纳的监管及后期补贴发放的监管。国家能源局与电监会合并重组后，在能源监管方面频频发力。

风电机组制造的主要问题包括整机倒塌；叶片、主轴断裂；齿轮箱损坏；控制失灵等，不仅是小的制造企业出现此类问题，也涉及国内多家规模较大的风机制造商。在经过国家能源局和制造企业的共同努力后，特别是在产业集中度进一步提高后，目前情况已经有所改善。未来还需要监管单位进一步出台相关的质量标准并依法监管，同时淘汰掉落后企业，提高整体产业质量水平。

目前，对风电接入的监管是能源局工作的重中之重，国家能源局2013年9月份发出通知，在全国10个省市区全面启动针对风电和光伏发电的电网消纳情况及电费结算情况的市场监管，着力解决当前日益突出的风电“弃风”问题。在电网的配合下，风电消纳有了很大的改善。但是内蒙古自治区、东北等重灾区仍然形势严峻，特别是东北地区的电力消费增长疲软，在此类地区应优化电源项目的审批，特别是要协调好风电机组的运行和调度。按照法律要求全额保障性收购的要求，能源监管重点应监测各省风电并网运行和市场消纳情况，掌握风电全额保障性收购的实际情况，及时向社会公布相关信息，最大限度地避免弃风限电问题。

风电补贴随着经济形势的发展，能源局已发通知“到2020年不再给予风电企业补贴”，但近几年的补贴发放仍是下一步监管工作的重要环节。过去几年的情况表明，风电补贴拖欠问题已经严重影响了整个产业的正常运行；在可再生能源基金不充足的情况下，发电企业被拖欠大量资金，造成产业链连环欠债。国家主要监管部门，包括财政部、国家能源局等均已多次强调补贴发放应及时到位，但我国现有补贴机制不够完善，存在着资金来源不足，拖欠严重，电价上涨压力增大等问题。为解决此类问题，监管机构应进一步监管补贴发放是否及时到位，控制好风电行业发展节奏，一旦发现补贴规模过大超出可支付能力，应及时调整可再生能源附加以保障风电发展。

第二节　风力发电机组电网连接

风力发电机组电网连接，实质上是由风力机驱动发电机，由发电机与电网连接，目前主要有三种形式：同步发电机并网、异步发电机并网、变速恒频发电机并网等。

一、同步发电机组并网运行

同步发电机在运行中既能输出有功功率，又能提供无功功率，且频率稳定，电能质量高。但是，在风力发电机上使用同步发电机并不理想，这是由于风能的大小随机变化、机组的调速性能很难达到同步发电机所要求的精度，且并网后若不进行有效的控制，常会发生无功振荡或失步等问题。

由风力机驱动的同步发电机与电网并联运行电路，如图3-3所示。除风力机、增速器外，电气系统包括同步发电机、励磁调节器及断路器等，发电机通过断路器与电网相连。同步发电机主要采用准同步并网方式，早期的风力发电机组也有使用自同步并网的。

1. 准同步并网

同步发电机与电网并联合闸前，为了避免电流冲击和转轴受到突然的转矩，需要满足以下并联条件：①风力发电机的端电压大小等于电网的电压。②风力发电机的频率等于电网频率。③并联合闸的瞬间，风力发电机与电网的回路电动势为零。④风力发电机的相序与电网的相序相同。

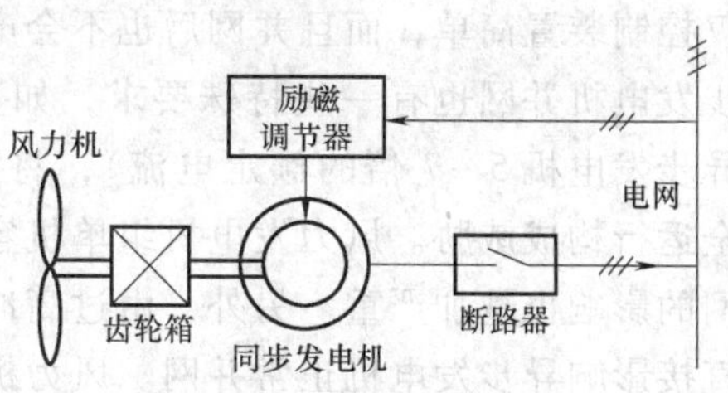

图 3-3 风力机驱动的同步发电机与电网并联电路

风力发电机组的起动和并网过程如下：当发电机被风力机带到接近同步速时，励磁调节器动作，向发电机供给励磁，并调节励磁电流使发电机的端电压接近于电网电压。当风力发电机被加速到接近同步速时，发电机的端电压将与电网电压基本相同。频率之间的很小差别将使发电机的端电压和电网电压之间的相位差在0°~360°范围内缓慢地变化，检测出断路器两侧的电位差，当其为零或差值极小时使断路器合闸并网。合闸后在自整步作用下，当转子转速接近同步转速，就可以使发电机牵入同步，此时发电机与电网频率完全相同。

这种同步并网方式可使并网时的瞬态电流减至最小，从而使风力发电机组和电网受到的冲击也最小。但是，若并网时刻控制不当，则有可能产生较大的冲击电流，甚至并网失败。为此，必须选用高精度的调速器。因此，同步发电机通常只用于大型风电机组。

2. 自同步并网

就是待转速升高到接近于同步速时，将未加励磁的同步发电机投入电网，延时1~3s后再加上励磁，发电机被自行牵入同步运行。从发电机投入电网到加上励磁的自同步过程都自动执行，此时发电机处于异步运行状态。由于待并网的同步发电机不加励磁，也就不存在对电压及相位进行调节和校准的整步问题，只需要对机组的转速进行调节即可。同步发电机不加励磁，这就从根本上消除了可能引起设备严重故障的非同步合闸的可能性。在一般情况下，自同步时的转矩不会超过发电机出口三相短路时的转矩。但是，自同步并网时，系统电压会出现短时间较大幅度的下降，这是它的最大特点。因此，这种并网方式仅适用于电网容量比发电机容量大得很多的电力系统。

二、异步发电机组并网运行

异步发电机并入电网运行时，是靠转差率来调整负载的，其输出的功率与转速近乎呈线性关系，因此对机组的调速精度要求不高，不需要同步设备和整步操作，只要转速接近同步转速就可以并网。由此可知，风力机配用的异步发电机不仅控制装置简单，而且并网后也不会产生振荡和失步，运行非常稳定。然而，异步发电机并网也有一些特殊要求，如直接并网瞬间产生的过大冲击电流（约为异步发电机 5 ~7 倍的额定电流），将导致电网电压大幅度下降，从而对系统安全运行构成威胁。风力发电机组单机容量越大，冲击电流对发电机自身部件及电网的影响也越加严重。另外，由过高冲击电流会引起主电路断路器跳闸等。也将直接影响异步发电机正常并网。风力机驱动的异步发电机与电网并联运行方式如图 3-4 所示。

目前，国内外异步风力发电机采用的并网方法主要有以下几种。

1. 直接并网

这种并网方法要求在并网时，发电机的相序与电网的相序相同，当风力机起动后，异步发电机被带到接近同步转速（即 98% ~100% 同步转速）时，即可自动并入电网。自动并网的信号由测速装置给出，而后通过断路器合闸完成并网过程。

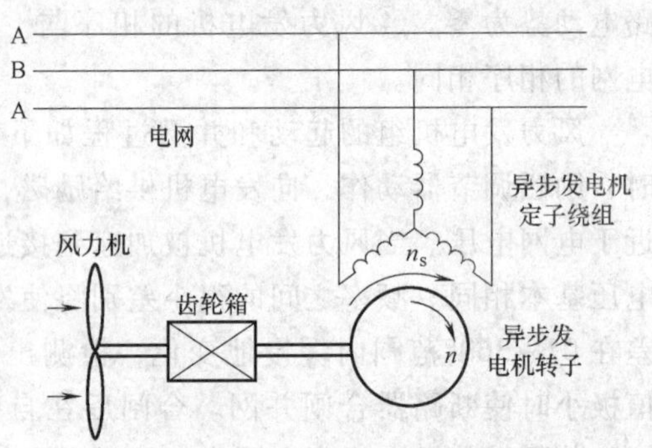

图 3-4 风力机驱动的异步发电机与电网并联电路

显而易见，这种并网方式比同步发电机的准同步并网简单。由于直接并网方式对电网的影响较大，一般适合于异步发电机功率在百千瓦以下或电网容量较大的电力系统。

2. 降压并网

在异步发电机与电网之间串接电阻、电抗器或自耦变压器，以达到抑制并网合闸瞬间过大的冲击电流和电网电压下降的幅度。由于电阻、电抗器等要消耗功率，在异步发电机并入电网并进入稳定运行状态后，应迅速将其旁路或切除。由于这种并网方法需要配置大功率的电阻或电抗器，投资将随机组容量增大而增加，因此经济性较差。降压并网方法适用于百千瓦以上容量较大的风力发电机组。

3. 采用晶闸管的软并网

对于较大型的风力发电机组，目前比较先进的并网方法是采用双向晶闸管控制的软投入法，如图 3-5 所示。这种并网方法是在异步发电机定子与电网之间接入一组双向晶闸管。双向晶闸管的作用是将发电机并网瞬间的冲击电流控制在允许范围内。

采用晶闸管软并网方式有两种。

（1）第一种晶闸管软并网方式　当风力机将发电机带到接近同步转速时，

异步发电机输出端断路器闭合，使发电机经一组双向晶闸管与电网接通。双向晶闸管的触发控制角由180°~0°逐渐导通，与此同时双向晶闸管的导通角由0°~180°逐渐增大。通过对双向晶闸管导通角的控制，并网时的冲击电流被限制在发电机额定电流的1.5~2倍以内，从而得到一个比较平滑的并网过程。随着发电机转速的升高，电动机的转差率趋近于零，当转差率为零时，发电机与电网连接的双向晶闸管已全部导通，并网过程结束，此时风力发电机进入正常的发电运行。

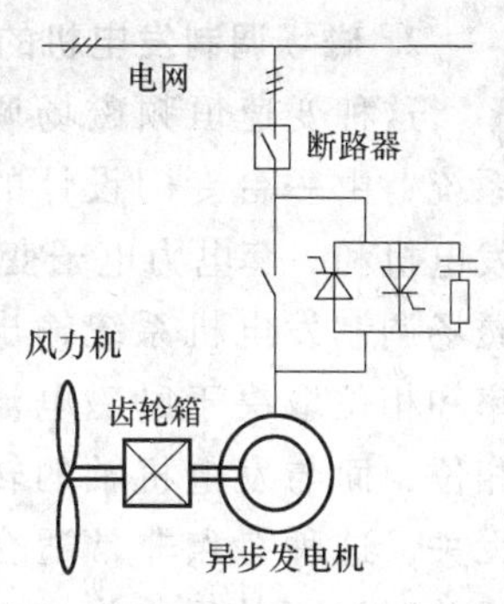

图3-5　异步发电机经双向晶闸管软并网电路

（2）第二种晶闸管软并网方式　其双向晶闸管导通角由0°~180°逐渐增大的控制过程与前者完全相同，不同之处在于当发电机转速升高到转差率为零，发电机与电网连接的双向晶闸管全部导通时，利用一组旁路开关将双向晶闸管短接，此时并网过程结束，风力发电机进入正常发电运行。

上述两种晶闸管软并网方式的主要区别在于，前者在并网过程结束后，发电机送入电网的电流全部通过接在主电路中的双向晶闸管。该并网方式线路较为简单，且具有较高的开关频率，但必须选用大电流和高反压的双向晶闸管。后者在并网过程结束后，发电机电流是通过旁路开关送入电网的，因此对双向晶闸管的性能要求相对较低，但是由于旁路开关要长时间通过主电路的大电流，其触头在开闭过程中容易粘连和烧蚀，其次控制电路也略微复杂一些。

三、变速恒频发电机组并网运行

变速恒频风力发电系统的要求，除了能够稳定可靠地并网运行之外，最重要的一点就是要实现最大功率输出控制。

1. 同步发电机交-直-交系统并网运行

具有最大功率跟踪的交-直-交风力发电转换系统联网电路如图3-6所示。该系统的反馈控制电路包括：功率检测器、功率变化检测器和控制电路。

交-直-交风力发电转换系统与电网并联运行时具有以下特点：①由于采用频率变换装置进行输出控制，因此并网时没有电流冲击，对系统几乎没有影响。②因为采用交-直-交转换方式，同步发电机的工作频率与电网频率是彼此独立的，风轮及发电机的转速可以变化，不会发生同步发电机直接并网运行时出现的失步情况。③由于频率变换装置采用静态自励式逆变器，可以调节无功功率。④在风力发电系统中采用阻抗匹配和功率跟踪反馈来调节输出负载，可使风力发电机组按最佳效率运行，向电网输送尽可能多的电能。

2. 磁场调制发电机的并网运行

这种变速恒频磁场调制发电机系统，由一台专门设计的高频交流发电机和一套电力电子变换器组成。磁场调制发电机系统输出电压的频率和相位取决于励磁电流的频率和相位，而与发电机轴的转速及位置无关，这种特点非常适合用于与电网并联运行的风力发电系统。磁场调制发电机的励磁通过一台励磁变压器取自电网。由于磁场绕组的高电抗性质，励磁电压在相位上约超前于励磁电流 90°，因而发电机系统的输出电压也将滞后于励磁电压约 90°。为了给三相系统励磁，就需要一组比输出电压领先 90°的三相励磁电压。这样一组电压可以通过励磁变压器将电源各相电压进行适当的相位相加得到。磁场调制发电机系统采用上述励磁方式，当风力机起动后，即可通过断路器直接接入电网。

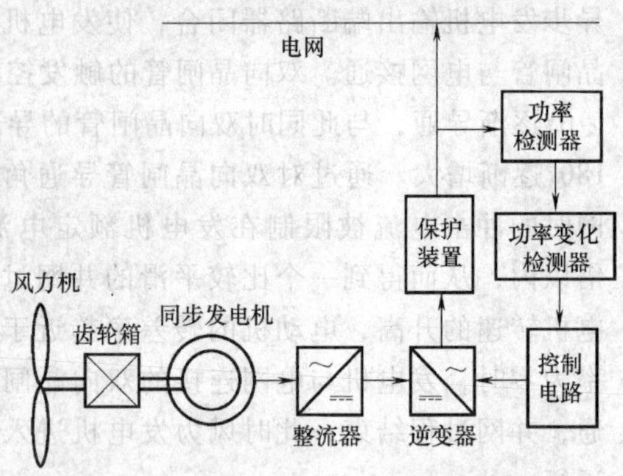

图 3-6　同步发电机交-直-交联网电路框图

3. 双馈发电机系统的并网运行

双馈发电机定子三相绕组直接与电网相连，转子绕组经交-交循环变流器接入电网。这种系统并网运行有以下特点：①风力机起动后带动发电机至接近同步转速时，由循环变流器控制进行电压匹配、同步和相位控制，以便迅速地并入电网，并网时基本上无电流冲击。②风力发电机的转速可随风速及负载的变化及时做出相应的调整，使风力机以最佳叶尖速比运行，产生最大的电能输出。③双馈发电机励磁可调量有三个，即励磁电流的频率、幅值和相位。调节励磁电流的频率，保证风力发电机在变速运行情况下发出恒定频率的电力；通过改变励磁电流的幅值和相位，可达到调节输出有功功率和无功功率的目的。

4. 带有全功率因数变流装置的同步发电机并网运行

全功率因数变流装置具有变频、调压、相位跟踪、无功补偿及谐波抑制等多种功能，因此全功率因数变流装置使变速运行风力发电机的功率调控模式有了重大改进。带有全功率因数变流装置的风力发电机系统框图如图 3-7 所示。

1）全功率因数变流装置基本构成和工作模式如下：两个电压型逆变器经直流耦合回路背靠背地连接在一起，其中一个与电网相接，称为网侧变流器，另一个与同步发电机相接，称为发电机侧变流器。网侧变流器负责向电网提供固定频率和可移相的电压，发电机侧变流器具有适应同步发电机可变电压与可变频率的运行特点。

2）带有全功率因数变流装置的风力发电机系统具有以下优点：①系统具有

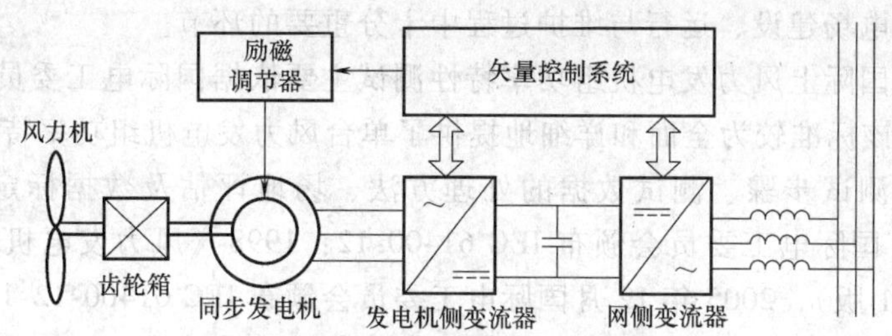

图 3-7　风力发电机系统联网电路框图

可控的功率因数，可实现输出功率因数为 1。②使发电机端电压适应变化的电网电压。③可抑制发电机和电网中的谐波。④风力发电机在不同风速下，以接近最大 C_p 值的工况稳定运行。⑤对低质量电网具有很强的适应能力。带有全功率因数变流装置的同步发电机可实现平滑并网，对电网和发电机无任何冲击。

第三节　风力发电机组运行性能

风力发电机组的运行性能主要是指功率特性、载荷状况和电能质量三个方面内容。

一、功率特性

功率特性是风力发电机组的重要运行性能。功率特性就是以风速 v_i 为横坐标，以有功功率 P_i 为纵坐标的一系列规格化数据对（v_i，P_i）所描绘的特性曲线。可见，功率特性是对风力发电机组发电能力的一种表述，功率特性的优劣将直接影响风力发电机组的发电量。通常情况下，风力发电机组出厂时，会向用户提供机组的标准功率特性曲线。然而，由于实际风电场的风况和风电场中风机的工作环境条件与机组的设计条件可能存在不同，以及风力发电机组在运行过程中某些参数的变化和操作方式等因素的影响，导致风力发电机组的实际功率特性曲线与设计的标准功率特性曲线不吻合。如果实际功率特性曲线高于标准功率特性曲线，将使风力发电机组处于过负荷状态，影响机组寿命；如果实际功率特性曲线低于标准功率特性曲线，将影响风力发电机组的发电量，使得机组的实际发电量达不到预期发电量，使风电场的投资回报率下降。通过对风力发电机组的功率特性进行测试与分析，可以对风力发电机组的设计性能进行有效验证，也可以判断长期运行过程中的风力发电机组性能的变化趋势，从而对风力发电机组的运行状况变化和零部件的故障损坏等问题做出预估，为风力发电机组的优化运行和维护提供了有效的依据。

随着我国风能的大规模开发与利用，风力发电机组的功率特性测试与认证工作已成为风电场建设、运行与维护过程中十分重要的环节。

目前，国际上风力发电机组功率特性测试主要依据国际电工委员会标准 IEC 61400-12，该标准较为全面和详细地提供了单台风力发电机组功率特性的测试原理与方法、测试步骤、测试数据的处理方法、场地评估及数据标定的方法等。1998 年 2 月国际电工委员会颁布 IEC 61400-12：1998《风力发电机组功率特性试验》（第 1 版），2005 年 12 月国际电工委员会颁布 IEC 61400-12-1：2005《风力发电机组功率特性试验》（第 2 版），为不同类型并网风力发电机组功率特性的测试提供一个统一的测量与评估依据，保证了测试结果的一致性和准确性。

针对风力发电机组功率特性的测试与评估，我国制定了 GB/T 18451. 2—2012《风力发电机组　功率特性测试》，其等效采用（IDT）IEC 61400-12-1：2005。由于风速、风向变化的不确定性，特别是山区地形的复杂性，使得测试风力发电机组功率曲线仍然存在着较多的困难，目前相关的测试方法和标准仍在不断完善中。

二、载荷状况

载荷状况是指风力发电机组的设计状态与引起构件载荷的外部条件的组合。需要测试的主要载荷有：叶片根部载荷、风轮载荷和塔架载荷、偏航系统或变桨距系统载荷等，这些载荷的测试对安全运行是至关重要的。还应测量引起构件载荷的外部条件对应的气象参数，即风速、风向、气温、气压等；此外，风力发电机组的载荷还与机组的运行参数有关，如功率、转速、偏航角、桨距角等，因此进行载荷测试时，应同时检测机组的这些运行参数。

风力发电机组以风作为原动力，驱动叶轮旋转，通过相关机械传动部件驱动发电机旋转并产生电能。风力发电机组在运行过程中，各主要受力部件所承受的实际应力是一个连续的随机过程，这种应力的大小随时间变化。在随机应力的长期作用下，承载构件将产生疲劳损伤。当损伤积累到一定程度，就会导致疲劳破坏，严重危及运行的安全性。风力发电机组运行在复杂的室外环境中，其各主要的机械部件所受载荷情况十分复杂，这就需要对风机实际的运行环境有效地进行分析。通过相关测试为风力发电机组的结构与控制软件的优化设计提供全面的依据，减少作用在机组上的载荷，尤其是减少极限载荷与疲劳载荷，适当降低零部件的强度以减轻质量，可以有效提高机组的性能，延长机组的疲劳寿命，使得机组能够更好地适应不同的气候环境。随着风力发电机组容量不断增大，机组的尺寸也越来越大，为了保证风力发电机组长期安全稳定运行，需要对其关键部件的载荷状况进行综合测试与评估。通过对不同运行工况下的风力发电机组机械载荷状况进行测试，并与相应的设计载荷进行对比，可以有效提高风力发电机组的设计水平，保证产品的安全性和稳定性。

三、电能质量

电能质量是风力发电机组的又一重要运行性能。描述风力发电机组电能质量的特征参数主要有额定值、最大输出功率（10min 平均值、60s 平均值及 200ms 平均值）、作为有功功率函数的无功功率（10min 平均值）、电压波动和闪变、50 次以下谐波电流（10min 平均值），以及 10min 和 120min 周期内风力发电机组起动的最多次数等。

风力发电是以风作为动力源的，一般来说风力发电机组的输出功率近似与风速的立方成正比。由于风速和风向具有随机变化的特性，这就使得风力发电机组的输出功率将随着风速的变化而变化。由于风的随机变化特性及风电场的地形因素等原因，即使在同一个风电场内的风力发电机组，其输出功率的变动也是不同步的。这种随机的、随风速变动的功率注入电网，将会引起系统中某些节点（如并网点）的电压波动。与其他常规电源（如火电和水电）相比，风力发电机组输出功率的变化还表现在经常因为各种原因突然进行停机操作。这种相对频繁的投入和切出操作，使风电场所接入系统的潮流经常处于一种重新分配的过程。除影响电压外，也在一定程度上影响系统的频率稳定。

带有大功率电力电子变流器的风力发电机组在运行过程中还会向电网注入含有谐波的电流，从而引起电网电压的谐波畸变。同时，风力发电机组在运行时对无功的需求及风电场无功就地平衡等原因，也使得风电接入系统对电网电压的稳定性产生了较大的影响。

随着我国风电装机容量的不断增大，风力发电对电力系统电能质量的影响日益明显。在某些情况下，电能质量问题甚至成为制约风电场装机容量的主要因素，这就促使了风力发电机组电能质量测试和认证工作成为风力发电机组准入制度中必不可少的内容之一。

针对风电引起电网电能质量问题的测试与评估国际电工委员会于 2008 年 8 月颁布了 IEC 61400-21：2008《并网风力涡轮机的功率质量特性的测量和评估》，它是目前世界上公认的一套描述并网风力发电机组电能质量测试与评估的标准。该标准主要包括：并网风力发电机组电能质量特征参数的定义与说明；并网风力发电机组电能质量特征参数的测试过程及方法；风力发电机组接入电力系统电能质量特征参数的评估方法。在诸多描述电能质量的特征参数中，电压波动和闪变及谐波是主要参数。

我国也已制定出风力发电机组和风电场电能质量测试与评估的标准，即 GB/T 20320—2013《风力发电机组 电能质量测量和评估方法》，该标准等效采用（IDT）IEC 61400-21：2008。

对于电能质量问题中电压波动和闪变及谐波的测试与评估，我国制定了相关的国家标准。如 GB/T 12326—2008《电能质量 电压波动和闪变》，它主要是针对电力系统正常运行情况下，由负荷波动引起的公共连接点电压的快速变动；同时，标准中也规定了电压波动和闪变的限值、计算和评估方法。又如 GB/T 14549—1993《电能质量 公用电网谐波》。这些标准对保证风力发电电能质量起到积极作用。

第四节 风力发电机组运行控制

在风力发电发展中，风力发电机组控制系统始终是其关键技术之一，控制系统技术是否先进，亦体现了风力发电总体技术的先进性。

一、风力发电控制技术的发展

20 世纪 80 年代中期开始进入风力发电市场的定桨距风力发电机组，主要解决了风力发电机组的并网问题和运行的安全性与可靠性问题。采用了软并网技术、空气动力制动技术、偏航与自动解缆技术，这些都是并网运行的风力发电机组需要解决的最基本的问题。由于功率输出受桨叶自身的性能限制，叶片的桨距角在安装时已经固定，而发电机的转速受到电网频率限制，因此，只要在允许的风速范围内，定桨失速风力发电机组的控制系统在运行过程中对由于风速变化引起输出能量的变化是不进行任何控制的。这就大大简化了控制技术和相应的伺服传动技术，使得定桨距风力发电机组能够在较短时间内实现商业化运行。

20 世纪 90 年代后期，采用转子电流控制器（RCC）进行有限变速的变桨距风力发电机组开始进入风力发电市场。采用变桨距的风力发电机组，起动时可对转速进行控制，并网后可对功率进行控制，使风力发电机组的起动性能和功率输出特性都有显著的改善。风力发电机组的液压系统不再是以制动为目的的执行机构，为实现变距控制，它自身已组成闭环控制系统，采用了电液比例阀或电液伺服阀。这一切都使风力发电机组的控制水平提高到一个新的阶段。

由于变桨距风力发电机组在额定风速以下运行时的效果仍不理想，到了 20 世纪 90 年代中期，采用变速恒频技术的各种变桨距风力发电机组开始进入风电场。变速距风力发电机组的控制系统与定桨距风力发电机组的控制系统的根本区别在于，变速距风力发电机组的叶轮转速被允许在相当宽的范围内变化，从而使机组的性能完全处于可控状态，并获得最佳的功率输出。变速距风力发电机组的主要特点是：低于额定风速时，它能最大限度跟踪最佳功率曲线，使风力发电机组具有较高的风能转换效率；高于额定风速时，通过变速与变桨控制增加了传动系统的控制柔性，使功率输出更加稳定，特别是解决了低电压穿越与动态调节功率因数等问题后，达到了高效率、高质量地向电网提供电能的目的。

风力发电机组的控制技术从机组的定桨距恒速运行发展到基于变速恒频技术的变速运行，已经基本实现了风力发电机组从能够向电网提供电力到理想地向电网提供电力的目标。

二、控制系统

1. 定桨距风力机的控制系统

由于定桨距风力机结构简单、控制信号少，因此控制系统也较简单，且多采用集中控制的方式。定桨距风力机的控制系统安装在风力机塔架底部，机舱内各种传感器的信号通过电缆传输到控制器进行处理，电网信号的采集及并网处理也由此控制器处理。

2. 变桨距风力机的控制系统

由于变桨距风力机结构复杂、控制信号多，因此控制系统也较复杂，且多采用分散控制方式，一般分机舱控制器和底部控制器。机舱内的信号在机舱控制器内处理，电网信号采集及并网等信号在底部控制器处理。两个控制器之间通过电缆或光纤通信，减少了信号的传输损失。由于信号电缆数量较少，不仅减少了安装调试的工作量，同时故障点也较少。随着兆瓦级机组的发展，变桨距风力机控制器也从机舱控制器独立出来，安装在轮毂内，形成轮毂、机舱、底部三个控制器分装的结构。

3. 控制系统的功能

（1）自启动并网控制　当风速（10min 平均值）超过起动风速，风力机检测过程中没有发现故障状态，就进入了自由旋转状态。定桨距机组机械制动松开，叶尖挠流器复位，变桨距机组调整叶片安装角为 45°，风轮在风力的作用下开始起动旋转。当发电机转速接近同步转速时，通过晶闸管软并网或通过变频器将发电机并入电网，进入运行发电状态。

（2）小风和逆功率脱网　当 10min 平均风速小于脱网风速或发电机吸收电网功率到一定数值后，发电机脱网，且处于自由旋转状态。如果风速再次上升，发电机转速升高到同步转速，再次并网运行。

（3）自动对风控制　当 10min 平均风速超过自动对风风速，风力发电机组开始自动对风，以便尽快地跟踪风向的变化，进入起动状态。当 10min 平均风速继续升高达到起动风速后，进入自起动状态。风力发电机组总是根据风向仪的信号选择，并沿就近的方向对风。当风向仪检测到机舱偏离主风向超过一定角度后，便进行重新对风，以保证风轮最大限度地捕捉风能。

（4）功率调节　当风速超过额定风速后，变桨距风力发电机组通过调节叶片的安装角，保证机组输出功率在额定范围内。

（5）脱网停机控制　风力发电机组脱网停机控制，一般可分为三种情况：

大风脱网停机控制、常规故障脱网停机控制和紧急故障脱网停机控制。

1）大风脱网停机控制。当风速（10min 平均值）超过停机风速后，风力发电机组脱网停机。待风速下降到重新起动风速后，风力发电机组又重新起动并网运行。

2）常规故障脱网停机控制。机组运行时发生状态异常等常规故障后，风力发电机组进入停机状态。如采用可以自动复位的故障，运行参数恢复正常后机组会自启动，重新并网运行。如采用不可自动复位的故障，则需要运行人员通过远程操作复位、就地操作复位处理后重新启动并网进入运行状态。

3）紧急故障脱网停机控制。当风力发电机组发生紧急故障，如飞车、超速、振动等故障时，风力发电机组进入紧急停机状态。主、辅制动器同时动作，机组以最短的时间制动停机。这种情况必须通过人工复位才能重新启动。

三、双馈式风力发电机组运行控制

1. 双馈式风力发电机组基本组成

目前广泛应用交流励磁变速恒频双馈风力发电技术，采用双馈式异步发电机，定子直接接到电网上，转子在三相变流器的控制下实现交流励磁，保持定子恒频恒压输出，双馈式异步发电机的交流励磁变速恒频风力发电示意，如图 3-8 所示。

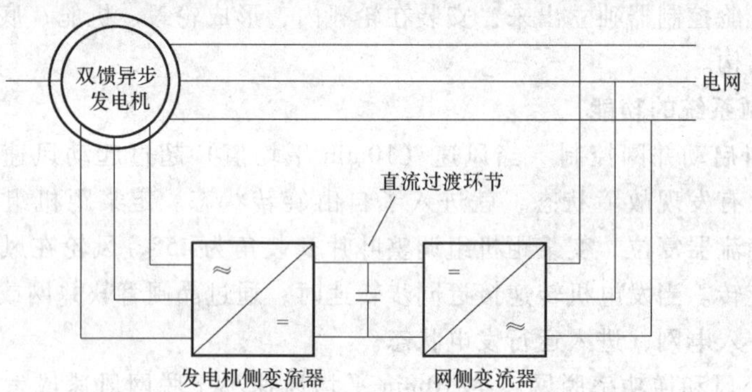

图 3-8 双馈式异步发电机的交流励磁变速恒频风力发电示意

变速恒频双馈式发电机组运行过程中，定子绕组并网，而转子绕组外接转差频率电源实现交流励磁，变速恒频双馈式发电机组运行原理如图 3-9 所示。双馈式风力发电机组基本组成如图 3-10 所示。

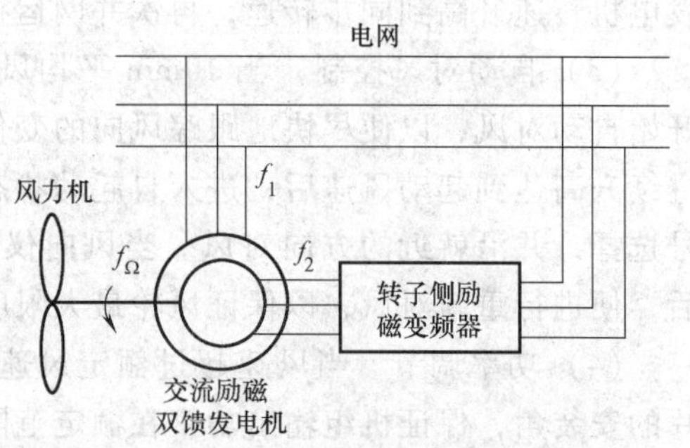

图 3-9 变速恒频双馈发电机组运行原理

2. 双馈式风力发电机组并网控制

双馈式风力发电机组可以实现无冲击并网。首先，机组在自检正常的情况下，叶轮处于自由运动状态。然后，当风速满足起动条件且叶轮正对风向，变桨执行机构驱动桨叶至最佳桨距角。接着当叶轮带动发电机转速至切入转速后，变桨机构不断调整桨距角，将发电机空载转速保持在切入转速上。此时，风力发电机组主控制系统则发出命令给变流器，使之执行并网操作。

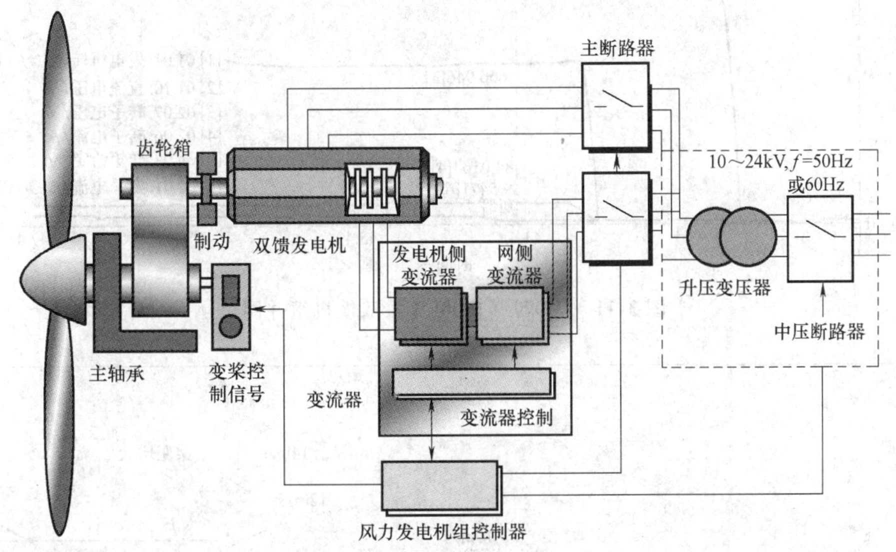

图 3-10　双馈式风力发电机组基本组成

变流器在得到并网命令后，首先以预充电回路对直流母线进行限流充电，在电容电压提升至一定程度后，网侧变流器进行调制，并建立稳定的直流母线电压，而后发电机侧变流器进行调制。在基本稳定的发电机转速下，通过网侧变流器对励磁电流幅值、相位和频率进行控制，使发电机定子空载电压的幅值、相位和频率与电网电压的幅值、相位和频率严格对应，在这样的条件下闭合并网断路器，实现准同步并网。

由于双馈发电机组的并网方式类似于传统的同步发电机组，并网电流很小，即在并网过程中对传动轴系的机械冲击也很小。根据 WD77（1500kW）双馈机组实测数据，其并网电流一般小于 100A。图 3-11 所示的发电机定子并网电流的实测数据小于 30A，体现了极佳的并网性能。

实现最大风能捕获和追踪的关键是根据风速调节发电机的转速，这是通过调节发电机输出有功功率，控制发电机电磁阻转矩来实现的。变速恒频发电运行发电机输出有功功率 $P_{有}$、无功功率 $P_{无}$ 的独立调节又是通过矢量变换控制策略对发电机进行控制，进而控制励磁用双 PWM 变频器的输出电压来完成的，风力发电机组的工作特性曲线如图 3-12 所示。

在机组并网过程中，若机组遵循 A-B 曲线，则并网后发电机转速会因为加

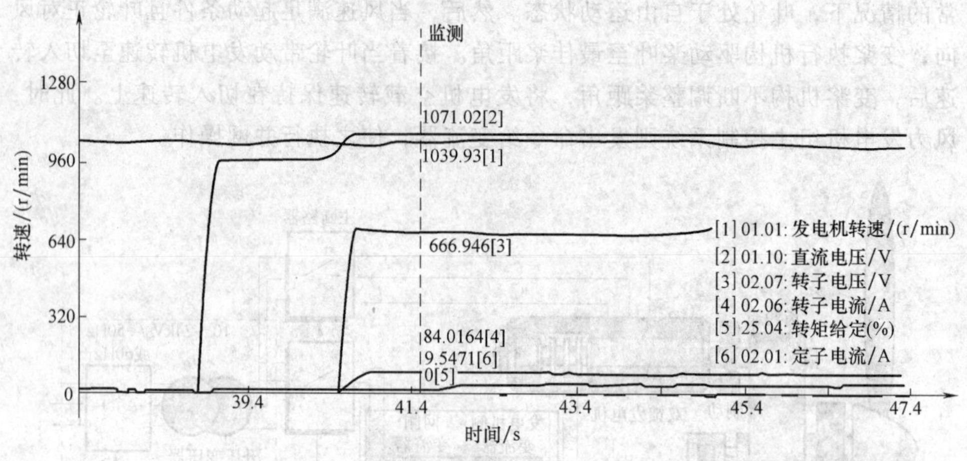

图 3-11 WD77（1500kW）双馈机组并网

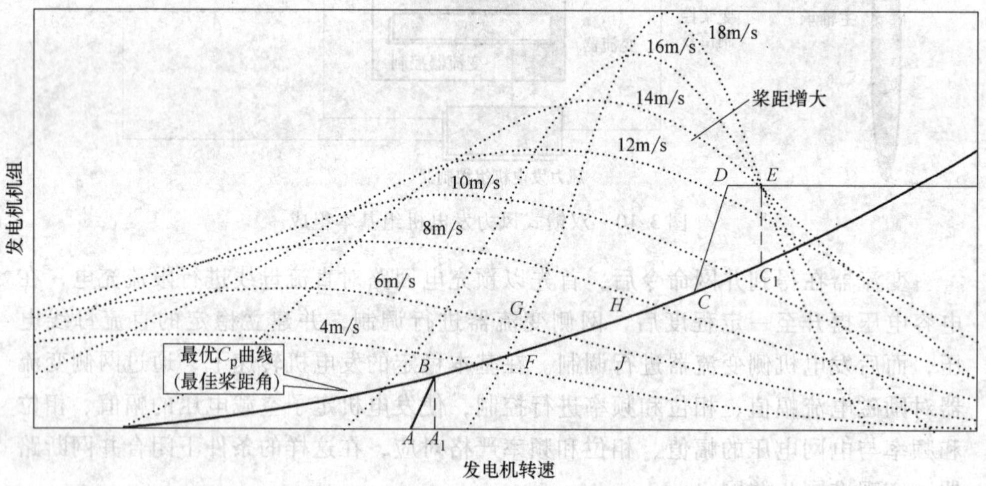

图 3-12 风力发电机组的工作特性曲线

载而下降，一般并网转速点约在 1300r/min。若机组并网遵循 A_1-B 曲线，则在并网前、后转速保持恒定，更有利于控制并网电流，是一种更为先进的并网控制模式。WD77(1500kW) 机组的并网转速点在 1030r/min，采用该方式能在更大转速范围达到最优曲线，从而获得更大的能量输出。

在并网完成后，变桨系统逐渐驱动桨距角至最佳桨角位置，增大从风中获取的机械功率。机组电能输出从零功率到满功率的提升过程可以被控制在约 40s。WD77(1500kW) 双馈风力发电机组发电机定子并网电流过渡（平均风速 11m/s）如图 3-13 所示。

近几年进入风力发电领域的变速恒频双馈式风力发电机组，已逐渐成为风力

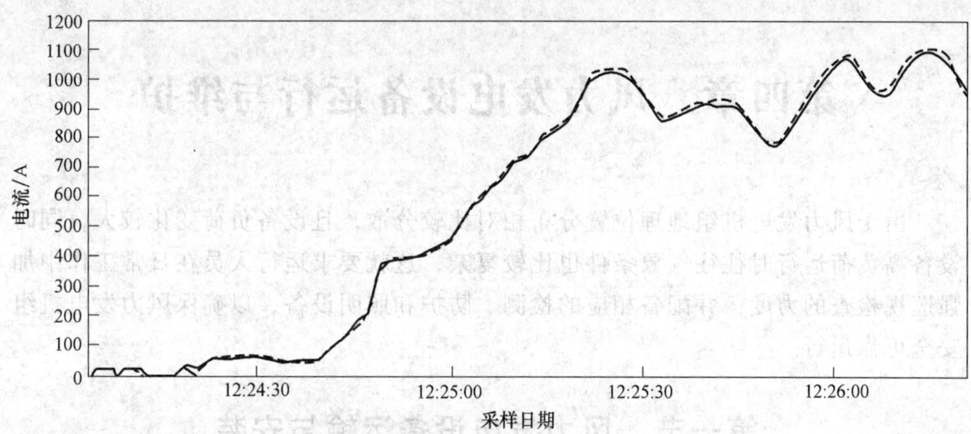

图 3-13　WD77(1500kW) 双馈风力发电机组发电机定子并网电流过渡（平均风速 11m/s）

发电机组的主流机型，其主要特点是在全桨变距有限变速风力发电机组的基础上，采用了转速可以在大范围变化的双馈式异步发电机及相应的电力电子技术，通过对最佳叶尖速比的跟踪，使得风力发电机组在所有的风速下均可获得最佳的功率输出。

第四章　风力发电设备运行与维护

由于风力发电机组地理位置分布相对比较分散，且设备负荷变化较大，同时设备高负荷运行时往往气象条件也比较复杂，这就要求运行人员在日常工作中加强巡视检查的力度，并配备相应的检测、防护和照明设备，以确保风力发电机组安全可靠运行。

第一节　风力发电设备运输与安装

目前，风力发电机组的单机容量已从最初的几十千瓦发展为今天的几百千瓦甚至兆瓦级，风电场也由初期的数百千瓦装机容量发展为数万千瓦甚至数十万千瓦装机容量的大型风电场。随着风电场装机容量的逐渐增大及在电力网架中的比例不断升高，对大型风电场的设备运行、维护管理逐步成为一个新的课题。风电场设备运行维护管理工作的主要任务是通过科学的运行维护管理来提高风力发电机组设备的可利用率及供电的可靠性，从而保证电场输出的电能质量符合国家电能质量的有关标准。风电场生产特点决定了运行维护管理工作必须以安全生产为基础，以科技进步为先导，以设备管理为重点，以全面提高人员素质为保证，努力提高风电企业的社会效益和经济效益。

风力发电机组全过程管理主要环节包括：运输、安装、调试及运行、维护及维修，如图 4-1 所示。

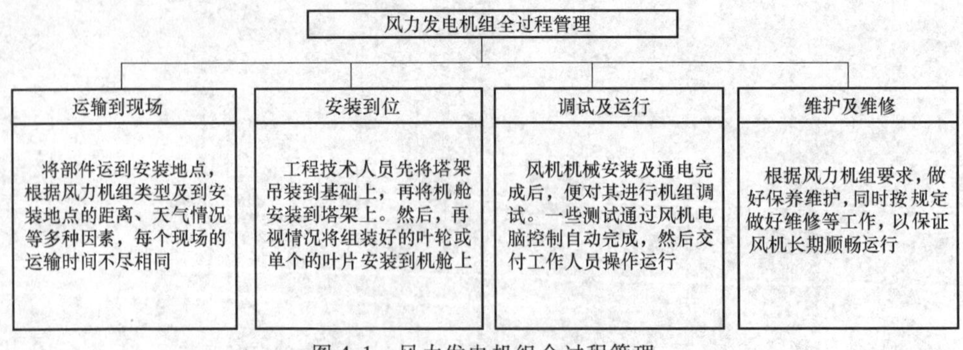

图 4-1　风力发电机组全过程管理

一、运输

风力发电机组设备都具有超长、超宽、超高、超重的特点，需要运用牵引车、全挂平板车、各种起重机等运输工具进行接驳、转运至目的地，一般由专业运输的物流公司负责完成选线、清障、路勘等工作。

运输风力发电机组前，对设备要进行包装、防护，做好防止风力机组零部件受到风沙、雨水的侵袭；装车后对风力机组零部件要做好固定捆扎工作，对超高、超宽、超长的部件，在规定位置要设置醒目的警示标志，避免发生运输事故。

二、安装

1. 做好风力发电机组基础设计与施工

基础在施工前，必须请有资质的设计院进行地质勘探和基础施工图设计。基础设计中要根据风力机塔筒承受的载荷进行强度、抗倾覆及地质沉降方面的计算，并确保有足够的安全系数。

基础施工时，请具有施工资质的、具有风力机基础施工经验的专业施工公司进行施工，施工所用的钢筋、砂石、水泥等建筑材料要严格控制。混凝土要采用配比精度高、质量控制严格的商品混凝土、施工中，要做好防雷接地线和预埋穿线管，对变压器外置的也要根据安装基础图做好基础施工，图 4-2 为风力机组基础施工现场。

图 4-2　风力机组基础施工现场

2. 安装场地要求

风力发电机组安装场地要尽可能开阔、平坦，要达到规定面积要求，一般为 50m × 50m 的面积。同时场地要用建筑填料进行良好的压实，不能造成有塌陷现象产生。

3. 起吊设备

风力发电机组的安装是施工组织的重点，起重设备选择主要根据吊装件的外形尺寸、重量、吊装高度、回转半径及现场施工条件等因素确定。吊装前要统计风力发电机组的各部件的起吊重量、外形尺寸、安装高度等，确保安装工作安全可靠，现场吊装如图 4-3 所示。

图 4-3 现场吊装

4. 安装计划及验收

(1) 安装计划编制依据

1) 风电项目建设总进度表。

2) 风力发电机组制造商随机提供的安装手册。

3) 风电项目施工的现场地形地貌、交通、气象和安装点的地质状况等资料。

(2) 计划内容

1) 安装风力发电机组的型号规格、台数、设备编号及安装地点位置，安装现场平面布置图等资料。

2) 风力发电机组的安装进度要求。

3) 起重机使用计划或起重桅杆使用计划。

4) 运输计划。

5) 安装作业的主要技术、组织措施计划。

6) 劳动力组织及安排。

7) 材料物资及安装施工机具设备供应计划。

8) 安全措施计划及安装保险。

9) 成本控制计划。

(3) 安装检验　安装检验是一项非常重要的工作，应高度重视。应设专门检验员依据相关标准和安装手册进行检验，以保证安装质量。安装检验项目如下：

1) 螺纹连接件的松紧度是否达到要求。

2) 焊缝焊接是否牢固，有无裂纹、夹杂等缺陷，连接强度是否可靠；按 GB/T 11345—2013《焊缝无损检测超声检测技术、检测等级和评定》执行；GB/T 3323—2005《金属熔化焊焊接接头射线照相》执行。

3) 安全保护装置是否完好。

4) 电器设备的安装质量，如电缆铺设、接地设备和接地系统是否符合要求。

5）液压系统管道有无泄漏。

6）塔架与地基、机舱与塔架的形位公差是否符合图样要求。

7）显示系统、警示标志是否清楚、齐全。

8）操作系统是否灵活、安全、可靠。

5. 海上风力机组的运输及安装

（1）运输要求　海上风力机组一般先采用陆上运输将风力机零部件运输到指定的港口码头，按照机组的吊装方式要求组装成部件后装上驳船，通过水运到达指定的安装机位。对于安装在浅海、潮间带区域的风力机，运输会受到潮位、通航条件等因素的制约，要合理安排时间，避免耽误工期。

（2）安装要求　海上风力机组的安装和陆上风力机组相比，海上风力机组的重量更大，需要更大的安装起吊设备。海上风力机组安装受海风、天气、潮位等因素的影响更大，在海上风力发电场的建设施工成本会随海上安装作业周期的延长而大幅增长。为了控制建设成本，需采用合适的设备和吊装方案，有效地减少在海上的作业时间，以保证施工安全，降低海上风力机组的安装困难，且尽量缩短工期。

现有离岸风力机组包括基座（或称桩基，基础）、风力机塔架、机舱（含叶轮）这三个主要部件，相对于岸上风力机的安装施工难度更高，安装过程通常分为两个阶段，首先是基座，然后是风力机塔架、机舱，还包括变电站和电缆。

海上风力机组的安装应根据安装地点的地理、地质条件及船舶、起吊设备等情况，采用不同的安装方式，主要有整体抱举式安装、分体式安装、自升式安装、半潜式安装、船舶履带吊组合安装等。总之，采取合理措施提高安装效率，缩短海上施工作业时间，图 4-4 所示为海上风力发电机组安装及验收。

6. 风电场安装安全规程

风力发电场安装要求高、难度大，必须严格执行安全规程，具体如下：

1）风力发电机组开始安装前，施工单位应向建设单位提交安全措施、组织措施、技术措施，经审查批准后方可开始施工；安装现场应成立安全监察机构，并设安全监督员。

2）风力发电机组安装之前应制订施工方案，且施工方案应符合国家安全生产规定，并报有关部门审批。

3）风力发电机组安装现场道路应平整、通畅，所有桥涵、道路能够保证各种施工车辆安全通行。

4）风力发电机组安装场地应满足吊装需要，并应有足够的零部件存放场地。

5）施工现场临时用电应采取可靠的安全措施。

图 4-4 海上风力发电机组安装及验收

6）施工现场应根据需要设置警示性标牌、围栏等安全设施。

7）风力发电机组安装的吊装设备，应符合《电业安全工作规程》的规定。

8）安装现场应准备常用的医药用品。

9）安装现场应配备对讲机。

10）风力发电机组安装之前，必须先完成风力发电机组基础验收，并清理风力发电机组基础。

11）吊装前，吊装人员必须检查起重机械各零部件，正确选择吊具。

12）起吊前，应认真检查风力发电机组设备，防止物品坠落。

13）吊装现场必须设专人指挥，且指挥人员必须有安装工作经验，执行规定的指挥手势和信号。

14）起重机械操作人员在吊装过程中负有重要责任；吊装前，吊装指挥和起重机械操作人员要共同制订吊装方案；吊装指挥应向起重机械操作人员交代清楚工作任务。

15）遇有大雾、雷雨天，照明不足，指挥人员看不清各工作地点或起重工看不见指挥人员时，不得进行起重工作。

16）在起吊过程中，不得调整吊具，不得在吊臂工作范围内停留；塔上协助安装指挥及工作人员不得将头和手伸出塔筒之外。

17）所有吊具调整应在地面进行；并在吊绳被拉紧时，不得用手接触起吊部位，以免碰伤。

18）机舱、桨叶、叶轮起吊风速不能超过安全起吊数值；安全起吊风速大小应根据风力发电机组设备安装技术要求决定。

19）起吊塔筒吊具必须齐全，起吊点要保持塔筒直立后下端处于水平位置，并应有导向绳导向。

20）起吊机舱时，起吊点应确保无误；在吊装中，必须保证有一名工程技术人员在塔筒平台协助指挥起重工起吊；起吊机舱必须配备对讲机，且系好导向绳。

21）起吊桨叶必须保证有足够起吊设备。应有两根导向绳，且导向绳长度和强度应足够；应用专用吊具及加护板；保证现场有足够人员拉紧导向绳，保证起吊方向，避免触及其他物体。

22）敷设电缆之前，应认真检查电缆支架是否牢固。

23）新安装风力发电机组在正式起动前，应做以下工作：①测量绝缘，做好记录；②相序校核，测量电压值和电压平衡性；③应用力矩扳手将所有螺栓拧紧到标准力矩值；④按照设备技术要求进行超速试验、飞车试验、振动试验，正常停机试验及安全停机、事故停机试验；⑤通过现场验收，具备并网运行条件；⑥填写风力发电机组安装报告。

24）在进行超速和飞车试验时，风速不能超过规定数值；试验之后应将风电机参数值调整到额定值。

25）所有风力发电机组试验，应有两名以上工作人员参加。

26）风力发电机组调试期间，应在控制盘、远程控制系统操作盘处挂禁止操作牌。

第二节 风力发电机组试运行

风力发电机组在安装、调试完成后交付客户前都必须进行试运行。目前一般采用统计试运行 240h 情况来考核机组运行性能、可靠性等。

一、风力发电机组试运行条件

1）风力发电机组的安装质量符合规定要求。

2）风力发电机组现场调试已完成，各项参数符合要求，执行部件运转情况正常。

3）风电场输变电设施符合正常运行要求。

4）防雷系统符合设计要求。

5）环境、气象条件符合安全运行要求。

6）风力发电机组生产厂规定的其他要求均已得到满足。

7）风电场对风力发电机组的适应性要求已得到满足，如对低温环境条件或抗强台风、防潮湿多盐雾、沙尘暴等。

二、功能性检验

风力发电机组试运行中，必须对各系统做好功能性检验，具体如下：

1）偏航系统：偏航电动机不同转动方向时的功能检查（自动偏航），偏航电动机不同转动方向时的功能检查（手动偏航）等。

2）齿轮箱：油位开关的性能（检查时风轮要锁定），油泵的工作性能等检验。

3）发电机：发电机前端及后端轴承温度，发电机绕组温度符合要求。

4）液压系统：工作压力的检查达到要求。

5）制动：制动块间隙，制动块1及制动块2的功能检验达到要求。

6）开关定额值（参照生产厂提供的电路图）：偏航电动机、齿轮油泵电动机、液压泵电动机、提升机电动机、偏航凸轮技术控制中心位置设定、解缆设定等均达到要求。

7）控制参数的设定：风轮最大转速、发电机最大转速、发电机定子最高温度、发电机转子最高温度、齿轮油最高温度、10min平均最大出力、瞬时最大出力、最大电压（10ms）、最大电压（50s）、低电压（50s）、高频率（200MS）、低频率（200MS）、切出风速（10min平均值）、最大风速等均符合要求。

8）紧急停机：正常停机过程达到规定要求。

9）叶片桨距角的设定与风力发电机组出力：在试运行期间，风力发电机组及系统部件、远程监控系统的功能应当逐一检验。主要集中在设定的控制值方面，这些控制值分别是温度（齿轮箱、发电机）、电压、电流和无功功率水平（发电机、输出）、压力（液压系统、制动系统），正确的调向控制，测得的风和电量关系，振动和噪声等级等。另外，要观察风力发电机组自动、手动或远程控制运行的情况，以及重点检验远程控制系统和相应软件满足合同规定的无故障运行。

10）每台风力发电机组通过功能性检验后，卖方提供调试报告，买方认可签字后方可进入可靠性试运行，240h可靠性试运行的开始时，同时并入电网运行。每台风力发电机组的可靠性试运行应当在无任何会影响长期安全运行缺陷的条件下通过持续的240h可靠性试运行。在240h试运行考核期间，必须相互明确负责人，并提供值班表及联系方式。如果在考核期间变更负责人，需要得到双方同意。

11）在240h试运行考核期间发生设备故障时，需要双方人员到现场确认，然后才能进行维修工作。为确保风力发电机组净可靠的运行时间为240h，如果风力发电机组的可靠性运行因为投标设备某个缺陷而中断，卖方应当在买方在场的情况下对此缺陷立即进行处理，该风力发电机组的可靠性运行应重新计时，直至持续运行240h完成。

12）240h 考核结束后，双方共同确认通过240h 预验收的机组，并签字确认。

三、风力发电机组检测

建设单位运行人员应规范对运行的监测，做好运行状态和数据的收集、整理和分析，特别是风力发电机组适应性的监测分析。发生异常情况应及时处理；发生严重异常情况（如过热、振动噪声异常等情况）时应果断停机，且待排除影响因素后方可重新开机运行。所有异常情况均应及时通报生产厂，加强与生产厂的信息沟通和交流。试运行结束后，应按生产厂要求填写试运行记录或备忘录，由建设单位与生产厂双方有关人员签字后归入机组技术档案。

试运行期间风力机组处于磨合期，在此阶段风力机组检测主要内容：

1. 整机电气系统中主控、变桨、变流等工作稳定性

试运行前都经过了调试，试运行可作为调试的后期观察阶段，主要观察风力机的待风、起动、并网、发电、停机等流程运行正常，同时观察这些流程中变桨和变流器的运行正常。

2. 机械部分运转情况

（1）传动链　试运行中对传动链的检测工作是整个试运行中最重要的部分。试运行中机械传动系统若运行平稳，则整机基本不会出现大故障。

试运行中对传动链的检测一般主要进行温度检测，当发生异常时可以考虑进行振动检测，甚至载荷测试。

试运行时传动链温度检测必须记录以下位置温度值：主轴温度传感器、增速箱高速轴输入端轴承、增速箱输出端轴承、增速箱油温、发电机驱动端轴承。

一般情况下，主轴轴承温度高于环境温度在20℃以内，增速箱高速轴温度不超过80℃，增速箱油温不超过60℃，发电机轴承温度不超过65℃。高于这些经验温度时应引起注意，明显高于时视为异常，应停机检查。

（2）偏航系统　试运行时主要观察偏航系统达到运行平稳。如果直接通电型偏航系统启停时人不能正常站立应视为异常。对于通过变频器启停的偏航系统，振感明显就可视为异常。偏航进行时在机舱或塔底听声音应平稳、均匀，无明显异响。

（3）机械制动系统　机械制动系统应观察多次动作后是否仍运行正常，且无摩擦、制动不牢等现象；多次制动后是否仍无松动现象，且制动反馈传感器信号是否保持正常。

3. 部件密封情况

（1）液压系统密封　在试运行中应定期检查液压系统管道是否有漏油、堵塞现象，尤其要重点观察偏航制动和其液压管道的密封情况。

（2）齿轮箱密封　齿轮箱是非直接驱动型风力发电机中最容易发生密封问题的部件。巡检时注意观察主轴连接轴承处、滑环连接处、高速轴输出处和齿轮箱箱体底部。若试运行期间有明显渗漏现象，应作为重大故障处理；必要时应停止试运行，进行维修。

4. 润滑系统运行情况

风力机中有许多轴承或回转支承，因此润滑系统的正常工作是保证风力机长期稳定运行的很重要方面。

（1）变桨回转支承润滑　变桨回转支承润滑的巡检应在停机时进行，主要观察润滑管路是否有松动、掉落。集油瓶是否有油脂渗出，并且比较均匀。同时观察回转支承内齿圈润滑脂量是否适中，若过少或过多可适当调整润滑泵的起、停间隔时间。

（2）主轴、偏航润滑　主轴轴承润滑主要考察润滑脂量是否适中，偏航润滑观察各齿轮啮合处油脂涂抹是否均匀。同样，当油脂量过多或过少时可以适当调整润滑泵的起、停间隔时间。有时油脂量过少应注意是否管路有堵塞现象。

（3）发电机轴承润滑　发电机轴承一般润滑一次可供运行 100h 左右，因此试运行中一般只要观察润滑泵是否工作正常。打开轴承端注脂孔观察，油脂是否已经达到该位置即可。

5. 冷却、加热系统运行情况

试运行期间风力机的冷却、加热系统基本都会频繁启停，注意按照机组参数设定值观察启停状态是否正确，运行效果是否正常。

第三节　风力发电设备运行与维护

随着风力发电机组市场需求的不断扩大，以及新技术在风力发电领域的不断应用，风力发电机组的单机容量早已突破 600kW 为主的局面，向 1500kW、2500kW 及更大容量发展。也改变了多年来定桨距型占主导地位，向变桨变速恒频型发展。

随着发电机组单机容量的逐渐增大，以及越来越多的新技术的使用，对风电机组的运行、维护管理逐步成为一个新的课题。

一、风力发电设备运行管理

风力发电的生产性质及特点决定了风力发电机组的运行维护管理工作必须以

安全生产为基础、科技进步为先导、设备管理为重点、全面提高人员素质为保证，进而确保了风电场安全、经济、可靠运行。工作中应按照 DL/T 666—2012《风力发电场运行规程》的相关标准执行。

1. 风力发电机组运行

1）风力发电机组的日常运行工作主要包括：通过中控室的监控计算机监视风力发电机组的各项参数变化及运行状态，并按规定认真填写《风电场运行日志》。当发现异常变化趋势时，通过监控程序的单机监控模式对该机组的运行状态连续监视，根据实际情况采取相应的处理措施。遇到常规故障应及时通知维护人员，根据当时的气象条件检查处理，并在《风电场运行日志》上做好相应的故障处理记录及质量记录；对于非常规故障，应及时通知相关部门，并积极配合处理解决。

2）风电场应当建立定期巡视制度，运行人员对监控风电场安全稳定运行负有直接责任，应按要求定期到现场通过目视观察等直观方法对风力发电机组的运行状况进行巡视检查。应当注意的是，所有外出工作（包括巡检、起停风力发电机组、故障检查处理等）出于安全考虑均需两人或两人以上同行。检查工作主要包括风力发电机组在运行中有无异常声响、叶片运行的状态、偏航系统动作是否正常、塔架外表有无油迹污染等。巡检过程中要根据设备近期的实际情况有针对性地重点检查故障处理后重新投运的机组，重点检查起停频繁的机组，重点检查负荷重、温度偏高的机组，重点检查带故障运行的机组，重点检查新投入运行的机组。若发现故障隐患，则应及时报告处理，查明原因，从而避免事故发生，减少经济损失。同时在《风电场运行日志》上做好相应巡视检查记录。

3）当天气情况变化异常（如风速较高、天气恶劣等）时，若机组发生非正常运行，巡视检查的内容及次数由值长根据当时的情况分析确定。当天气条件不适宜户外巡视时，则应在中央监控室加强对机组的运行状况的监控，通过温度、出力、转速等的主要参数的对比，确定应对的措施。

2. 输变电设施运行

（1）由于风电场对环境条件的特殊要求，一般情况下电场周围自然环境都较为恶劣，地理位置往往比较偏僻。这就要求输变电设施在设计时就应充分考虑到高温、严寒、高风速、沙尘暴、盐雾、雨雪、冰冻、雷电等恶劣气象条件对输变电设施的影响。所选设备在满足电力行业有关标准的前提下，应当针对风力发电的特点力求做到性能可靠、结构简单、维护方便、操作便捷。同时还应当解决好消防和通信问题，以便提高风电场运行的安全性。

（2）由于风电场的输变电设施地理位置分布相对比较分散，设备负荷变化较大，规律性不强，并且设备高负荷运行时往往气象条件也比较恶劣，这就要求运行人员在日常的运行工作中加强巡视检查的力度，且在巡视时应配备相应的检测、防护和照明设备，以保证工作的正常进行。

二、风力发电机组的维护

风力发电机组的维护主要包括机组日常巡检、故障维护和年度定期维护。

风力发电机组设备维护应当组织推广先进的工艺和新技术、新方法，推广新材料、新工具，提高工作效率及提高设备可靠性、创造条件、降低发电成本积极借助状态检测和诊断技术，加强对机组运行状态的监测和分析，做好基础技术资料的完善。结合设备状况和生产实际逐步形成一套预防维护、故障维护、定期维护相结合的、优化的综合维护方式，保证风力发电机组经济、可靠、稳定运行。

1. 风力发电机组日常巡检

为保证风力发电机组的可靠运行，提高设备可利用率，在运行维护工作中，建立日常登机巡检制度。通过登机巡检和预防维护工作，力争及时发现故障隐患，防患于未然，有效地提高设备运行的可靠性。在维护工作中，还应当根据设备实际情况对机组部分系统或部件考虑引入状态检修，减少工作中的盲目性和随意性，减少浪费、提高效益，进一步提高设备管理水平。

2. 风力发电机组故障维护

1）当风电机组有异常情况的报警信号时，运行人员要根据报警信号所提供的故障信息及故障发生时计算机记录的相关运行状态参数，分析查找故障的原因，并且根据当时的气象条件，采取正确的方法及时进行处理，并在《风电场运行日志》上认真做好故障处理记录。

2）当风力发电机组运行中，发生与电网有关的故障时，运行人员应当检查场区输变电设施是否正常。若无异常，风力发电机组在检测电网电压及频率正常后，可自动恢复运行。对于故障机组，必要时可在断开风力发电机组主断路器后，检查有关电量检测组件及回路是否正常，熔断器及过电压保护装置是否正常。若有必要，应考虑进一步检查电容补偿装置和主接触器工作状态是否正常，经检查处理并确认无误后，才允许重新起动风力发电机组。

3）由于气象原因导致的风力发电机组过负载或发电机及齿轮箱过热停机，叶片振动、过风速保护停机及低温保护停机等故障，如果风力发电机组自起动次数过于频繁时，值班长可根据现场实际情况决定风力发电机组是否继续运行。

4）若风力发电机组运行中发生系统断电或线路开关跳闸，即当电网发生系统故障造成断电或线路故障而导致线路开关跳闸时，运行人员应检查线路断电或跳闸原因，待系统恢复正常，再重新起动机组并通过计算机并网。

5）风力发电机组因异常原因需要立即进行停机操作的顺序。若用主控室计算机进行遥控停机；当遥控停机无效时，则就地按正常停机按钮停机；当正常停机无效时，使用紧急停机按钮停机；当操作仍无效时，拉开风力发电机组主开关或连接此台机组的线路断路器；之后疏散现场人员，并做好必要的安全措施，避免事故范围扩大。

3. 风力发电机组定期维护

开展风力发电机组定期维护是机组安全可靠运行的主要保证。定期维护应坚持预防为主的原则，根据设备制造厂家提供的年度定期维护内容，并结合设备运行的实际情况制订出切实可行的年度维护计划。切实做到应修必修、修必修好，使设备处于正常的运行状态。同时，应当严格按照维护计划工作，不得擅自更改维护周期和内容。

1）定期维护周期。在正常情况下，除非设备制造厂家有特殊要求，风力发电机组的年度定期维护周期是固定的。新投运机组：500h 或一个月试运行期后进行定期维护。已投运机组：2500h 或半年后进行定期维护；5000h 或一年后进行定期维护。风电机组在运行满 3 年和 5 年时，在 5000h 定期维护的基础上增加一些检查项目，实际工作中应根据机组运行状况参照执行。

此外，近年来随着油脂自动泵送系统、在线状态监测系统、复合材料部件等新技术及新材料在风力发电机组中的不断应用，机组的易维护性和可靠性都得到了较大的改善和提高，并进一步向智能化发展，部分新型号的机组已经较大程度上减少了定期维护的工作内容，且减轻了维护人员的工作量，提高了设备的可利用率。

2）年度定期维护的主要内容和要求见表 4-1。

3）风力发电机组运行维护计划见表 4-2。

4）风力发电机组年度运行维护计划的编制应以风力发电机组制造厂家提供的年度运行维护内容为主要依据，结合风力发电机组的实际运行状况，在每个维护周期到来之前进行整理编制。计划内容主要包括：工作进度计划、工作内容、主要技术措施和安全措施、人员安排及针对设备运行状况应注意的特殊检查项目等。

在计划编制时，还应结合风电场所处地理环境和风力发电机组维护工作的特点，在保证风力发电机组安全运行的前提下，根据实际需要可以适当调整维护工作的时间，以尽量避开风速较高或气象条件恶劣的时段。这样不但能减少由维护工作导致计划停机的电量损失、降低维护成本，而且有助于改善维护人员的工作环境，进一步增加工作的安全系数，提高工作效率。

表 4-1　年度定期维护的主要内容和要求

序号	电气部分	机械部分
1	传感器功能测试与检测回路的检查	螺栓连接力矩检查
2	电缆接线端子的检查与紧固	各润滑点润滑状况检查及油脂加注
3	主电路绝缘测试	润滑系统和液压系统油位及压力检查

（续）

序号	电 气 部 分	机 械 部 分
4	电缆外观与发电机引出线接线柱检查	滤清器污染程度检查，必要时更换处理
5	主要电气组件外观检查（如空气断路器、接触器、继电器、熔断器、补偿电容器、过电压保护装置、避雷装置、晶闸管组件、控制变压器等）	传动系统主要部件运行状况检查
6	模块式插件检查与紧固	叶片表面及叶尖扰流器工作位置检查
7	显示器及控制按键开关功能检查	桨距调节系统的功能测试及检查调整
8	电气传动桨距调节系统的回路检查（驱动电动机、储能电容、变流装置、集电环等部件的检查、测试和定期更换）	偏航齿圈啮合情况检查及齿面润滑
9	控制柜柜体密封情况检查	液压系统工作情况检查、测试
10	机组加热装置工作情况检查	卡钳式制动器制动片间隙检查、调整
11	机组防雷系统检查	缓冲橡胶组件的老化程度检查
12	接地装置检查	联轴器同轴度检查
13		润滑管路、液压管路、冷却循环管路的检查固定及渗漏情况检查
14		塔架焊缝、法兰间隙检查及附属设施功能检查
15		风力发电机组外观防腐情况检查

表 4-2 风力发电机组运行维护计划

维护项目	间隔时间		
	一个月	半年	一年
1. 塔架			
基础段连接	√		√
塔架Ⅰ和塔架Ⅱ连接	√		√
塔架Ⅱ和塔架Ⅲ连接	√		√
塔架Ⅲ和回转支承连接	√		√
梯子	√		√
平台	√		√
马鞍座固定	√		√
检查塔架焊缝	√	√	√
检查电缆夹块	√	√	√
各种电缆	√	√	√

（续）

维护项目	间隔时间		
	一个月	半年	一年
1. 塔架			
塔架内照明设施	√	√	√
各种塔架接地连接	√	√	√
2. 风轮			
桨叶表面	√	√	√
桨叶与变桨轴承连接	√		√
变桨轴承与轮毂连接	√		√
变桨轴承	√	√	√
变桨集中润滑系统	√	√	√
变桨齿轮箱与轮毂连接	√		√
变桨控制主柜和各分柜支架与轮毂连接	√		√
各分柜与支架连接	√		√
变桨控制柜弹性支撑	√	√	√
风轮罩表面	√	√	√
风轮罩支架与轮毂连接	√		√
风轮罩支架与风轮罩连接	√		√
桨叶限位开关支架与轮毂连接	√		√
桨叶限位开关	√	√	√
风轮控制主柜及各分柜连接线缆及接插件	√	√	√
风轮锁紧装置	√	√	√
风轮锁紧装置与机舱连接	√		√
3. 偏航系统			
偏航齿轮箱油位	√	√	√
偏航齿轮箱密封	√	√	√
偏航齿轮箱和机架连接	√		√
回转支承润滑	√	√	√
回转支承与机舱连接	√		√
给回转外齿面添加润滑脂	√		√
偏航动作	√	√	√
偏航制动压力	√	√	√

（续）

维护项目	间隔时间		
	一个月	半年	一年
3. 偏航系统			
偏航制动器和机舱连接	√	√	√
偏航油管、接头	√	√	√
偏航制动圆盘	√	√	√
偏航制动块	√	√	√
更换偏航制动片	视实际情况		
4. 主轴			
主轴集中润滑系统	√	√	√
轴承座与机舱连接	√		√
轴承端盖与轴承座连接	√		√
主轴与轮毂连接	√		√
主轴与齿箱连接胀套螺栓	√		√
5. 齿轮箱			
齿轮箱弹性支撑座与机架连接	√		√
弹性支撑轴与圆挡板连接	√		√
检查齿轮箱的油位	√	√	√
检查齿轮箱密封	√	√	√
检查齿轮箱传动	√	√	√
检查弹性支撑的状况	√	√	√
检查高速轴制动圆盘	√	√	√
6. 联轴器			
联轴器的连接	√		√
高速轴测速盘与联轴器连接	√		√
联轴器的表面	√	√	√
齿箱输出轴与电机输入轴对中	√	√	√
7. 发电机			
发电机与弹性支撑连接	√		√
弹性支撑与机舱连接	√		√
发电机轴承集中润滑系统	√	√	√

（续）

维护项目	间隔时间		
	一个月	半年	一年
7. 发电机			
塔下主电缆接线端	√	√	√
发电机定子、转子与接线盒的连接螺栓	√		√
检查集电环和电刷表面	√	√	√
8. 齿箱润滑及冷却系统			
冷却系统接头、油管	√	√	√
冷却风扇运行	√	√	√
润滑循环油泵运行	√	√	√
过滤器	√	√	√
9. 液压系统			
液压系统的油位	√	√	√
各个接头和油管	√	√	√
系统压力值	√	√	√
制动油路压力值	√	√	√
过滤器的滤芯	√	√	√
10. 高速轴制动器			
高速轴制动圆盘	√		√
高速轴制动夹钳制动片	√		√
更换高速轴制动夹钳制动片		视实际情况	
高速轴制动夹钳与齿轮箱连接	√		√
11. 集电环			
集电环情况	√	√	√
12. 电缆和舱内电控系统			
电缆外观	√	√	√
电缆的悬挂及附件	√	√	√
机舱照明	√	√	√
控制柜接地	√	√	√
各个接触器和控制器的固定	√		√
各个信号指示灯	√	√	√

（续）

维护项目	间隔时间		
	一个月	半年	一年
12. 电缆和舱内电控系统			
各个传感器	√	√	√
各个紧急及安全功能开关	√	√	√
电刷	√	√	√
13. 塔底控制系统、变频器			
加热和变频器风扇	√	√	√
动力电缆，发电机定子与变频器的连接螺栓	√		√
变压器电缆与变频器的连接螺栓	√		√
变频器运行状况	√		√
14. 机舱罩			
机舱罩表面	√	√	√
机舱罩连接	√	√	√
15. 风速风向仪及警示灯			
风速风向仪	√	√	√
警示灯	√	√	√

三、运行人员的基本要求

对风电场运行人员的基本要求，具体如下：

1）风电场的运行人员必须经过岗位培训、考试或考核合格，经检查鉴定，没有妨碍工作的病症，且健康状况符合上岗条件。

2）具备必要的机械、电气和安全知识，熟悉风力发电机组的工作原理及基本结构。

3）掌握判断风力发电机组一般故障产生的原因及处理方法，掌握计算机监控系统的使用方法。

4）运行人员应认真学习风力发电技术，提高专业水平。风电场至少每年组织一次对员工进行系统的专业技术培训，且每年度对员工进行专业技术考试或考核，合格者继续上岗。

5）新聘人员应有 3 个月实习期，实习期满后经考试或考核合格者方能上岗，实习期内不得独立工作。

6）风电场人员必须熟练掌握触电现场急救方法及消防器材的使用方法。

四、设备的基本要求

风力发电机组设备的基本要求，具体如下：

（1）风电机组及其附属设备　风电机组及其附属设备均有制造厂的金属铭牌，应有风电场的名称和编号，并标示在明显位置。

（2）塔架和机舱　塔架应设攀登设施，中间应设休息平台，攀登设施应有可靠的防止坠落的保护设施，以保证人身安全。机舱内部应有消声设施，并应有良好的通风条件，塔架和机舱内部照明设备齐全，亮度满足工作要求。塔架和机舱应满足防盐雾腐蚀、防沙尘暴的要求，机舱、控制箱和筒式塔架均应有防小动物进入的措施。

（3）风轮　风轮应具有承受沙暴、盐雾侵袭的能力，并有防雷措施。

（4）制动系统　风力发电机组至少应具有两种不同原理的能独立有效制动的制动系统。

（5）调向系统　调向系统应设有自动解缆和扭缆保护装置。在寒冷地区，测风装置必须有防冰冻措施。

（6）控制系统　风力发电机组的控制系统应能监测以下主要数据并设有主要报警信号。

1）发电机温度、有功与无功功率、电流、电压、频率、转速、功率因数。

2）风轮转速、变桨距角度。

3）齿轮箱油位与油温。

4）液压装置油位与油压。

5）制动器制动片温度。

6）风速、风向、气温、气压。

7）机舱温度、塔内控制箱温度。

8）机组振动超温和制动器制动片磨损报警。

（7）发电机　发电机防护等级应能满足防盐雾、防沙尘暴的要求。湿度较大的地区设有加热装置，以防结露。发电机应装有定子绕组测温装置和转子测速装置。

（8）齿轮箱　齿轮箱应有油位指示器和油温传感器，寒冷地区应有加热油的装置。

（9）风电场的控制系统　由两部分组成：一部分为现场计算机控制系统；另一部分为主控室计算机控制系统。主控制室与风电机组现场应有可靠的通信设备。

（10）重要注意事项

1）风电场必须备有可靠的事故照明。

2）处在雷区的风电场应有特殊的防雷保护措施。

3）风电场与电网调度之间应保证有可靠的通信联系。

4）风电场内的架空配电线路、电力电缆、变压器及其附属设备、升压变电站及防雷接地装置等的要求应按相应的标准执行。

五、运行维护操作规程

风力发电机组设备运行维护操作规程，主要内容如下：

1. 风力发电机组在投入运行前应具备的条件

1）电源相序正确，三相电压平衡。

2）调向系统处于正常状态，风速仪和风向标处于正常运行的状态。

3）制动和控制系统的液压装置的油压和油位在规定范围。

4）齿轮箱油位和油温在正常范围。

5）各项保护装置均在正确投入位置，且保护定值均与批准设定的值相符。

6）控制电源处于接通位置。

7）控制计算机显示处于正常运行状态。

8）手动起动前叶轮上应无结冰现象。

9）在寒冷和潮湿地区，长期停用和新投运的风电机组在投入运行前应检查绝缘，合格后才允许起动。

10）经维修的风电机组在起动前，所有为检修而设立的各种安全措施应已拆除。

2. 风电机组的起动和停机

（1）风电机组的自动起动和停机

1）风电机组的自动起动，风电机组处于自动状态，当风速达到起动风速范围时，风电机组按计算机程序自动启动和并入电网。

2）风电机组的自动停机，风电机组处于自动状态，当风速超出正常运行范围时，风电机组按计算机程序自动与电网解列、停机。

（2）风电机组的手动起动和停机

1）手动起动和停机的四种操作方式：①主控室操作，在主控室操作计算机启动键或停机键。②就地操作，断开遥控操作开关，在风电机组的控制盘上，操作起动或停机按钮，操作后再合上遥控开关。③远程操作，在远程终端操作启动键或停机键。④机舱上操作，在机舱的控制盘上操作启动键或停机键，但机舱上操作仅限于调试时使用。

2）风电机组的手动起动：当风速达到起动风速范围时，手动操作启动键或按钮，风电机组按计算机启动程序启动和并网。

3）风电机组的手动停机：当风速超出正常运行范围时，手动操作启动键或按钮，风电机组按计算机停机程序与电网解列、停机。

凡经手动停机操作后，必须在按“起动”按钮，方能使风电机组进入自起动状态。

故障停机和紧急停机状态下的手动起动操作，风电机组在故障停机和紧急停机后，如故障已排除且具备起动的条件，重新起动前必须按“重置”或“复位”就地控制按钮，才能按正常起动操作方式进行启动。

3. 风电场运行监视

1）风电场运行人员每天应按时收听和记录当地天气预报，做好风电场安全运行的事故预想和对策。

2）运行人员每天应定时通过主控室计算机的屏幕监视风电机组各项参数变化情况。

3）运行人员应根据计算机显示的风电机组运行参数，检查分析各项参数变化情况，发现异常情况应通过计算机屏幕对该机组进行连续监视，并根据变化情况做出必要处理。同时在运行日志上写明原因，进行故障记录与统计。

4. 风电场的定期巡视

1）运行人员应定期对风电机组、风电场测风装置、升压站、场内高压配电线路进行巡回检查，发现缺陷及时处理，并登记在缺陷记录本上。

2）检查风电机组在运行中有无异常响声，叶片运行状态、调向系统动作是否正常及电缆有无绞缠情况。

3）检查风电机组各部分是否渗油。

4）当气候异常、机组非正常运行或新设备投入运行时，需要增加巡回检查内容及次数。

5. 风电机组的检查维护

1）风电机组的定期登塔检查维护应在手动“停机”状态下进行。

2）运行人员登塔检查维护应不少于两人，但不能同时登塔。运行人员登塔要使用安全带、戴安全帽、穿安全鞋。零配件及工具必须单独放在工具袋内，工具袋必须与安全绳连接牢固，以防坠落。

3）检查风电机组液压系统和齿轮箱及其他润滑系统有无泄漏，油面、油温是否正常，油面低于规定时要及时加油。

4）对设备螺栓应定期检查、紧固。

5）对液压系统、齿轮箱、润滑系统应定期取油样进行化验分析，对轴承润滑点定时注油。

6）对爬梯、安全绳、照明设备等安全设施应定期检查。

7）控制箱应保持清洁，定期进行清扫。

8）对主控室计算机系统和通信设备应定期进行检查和维护。

第四节 风力发电设备润滑、冷却及备件管理

风力发电机组因工作环境和设备运行方式的特殊性，对机组的润滑系统、冷却系统及备件管理提出了更高要求。通过加强对风力机设备润滑、冷却及备件管理，才能使风力发电机组在恶劣多变的复杂工况下长期保持最佳运行状态。

一、风力发电设备的润滑管理

润滑是设备维护工作的重要环节。风力机缺油或油脂变质，都会导致设备故障甚至破坏设备的功能。搞好设备润滑技术工作，对于减少故障以保障风力机顺利运行，减少机件磨损以延长使用寿命，都有着重要的作用。

润滑技术工作的真正目的是保护设备，并确保设备正常、良好运行。要使风力发电机组正常运行，必须具有良好润滑，合理选择和使用润滑剂，以及采用正确的换油方法。做好润滑技术管理，才能延长风力机的寿命周期，减少设备维护费用，节约能源，以及减少环境污染。

1. 工作环境及润滑要求

（1）风力发电机组的工作环境 风力发电机组分布广泛，各地气候条件差异很大。沿海地区空气湿度大、盐雾重、年均气温较高，北方地区温差较大、冬季寒冷、风沙较强。对于闭式润滑系统来说，首要考虑的是气温差异因素，其中湿度、风沙、盐雾等因素的影响相对较小。

由于风力发电机组运行的环境温度一般不超过40℃，且持续时间不长，因此除发电机轴承外，用于风力发电机组的润滑油（脂）一般对高温使用性能无特殊要求。

在油品的低温性能上，根据风力发电机组运行环境温度的不同，其要求也不尽相同。对于环境温度高于-10℃的地区，所用润滑油不需特别考虑低温性能，大多数润滑油都能满足使用要求。在环境温度较低的寒冷地区，冬季气温最低的月份气温在-20℃以下，有时连续数日在-30℃左右，这就对油品的低温使用性能有较高的要求。

（2）风力发电机组润滑要求

1）润滑材料要具有良好的减摩性能，能改变摩擦因数、降低摩擦阻力、减小机件磨损。

2）要具有适宜的流动性，能在摩擦副运动部件之间形成润滑油膜。

3）具有一定的油性，有一定油膜强度。

4）具有良好化学稳定性，使用中不易氧化变质。

5）具有良好消泡沫性和抗乳化性。

6）具有良好防锈、防腐性、不腐蚀金属机件，不会造成橡胶密封件的老化和变形。

7）具有一定密封性能，能阻挡杂质进入摩擦部位。

8）具有低挥发性，能较长时间保持稳定的黏度。

2. 润滑油品的选用

（1）润滑油品选用技术因素　正确选用润滑材料是搞好风力机润滑的关键。润滑材料的选用要根据摩擦副的运动速度、承载负荷、工作温度及环境、摩擦副表面硬度及间隙、润滑方式和润滑装置等条件合理选择。要牢固掌握各种润滑材料的规格、等级、性能和适用范围。特别对风力机组中各个部件润滑环节，必须在选用润滑油或润滑油脂时考虑下列技术因素。

1）运动速度。一般可选用低黏度的润滑油来保证油膜的存在；若选用高黏度的，则产生的阻抗大、发热量多，会导致温升过高。低速运转时，靠油的黏度承载负荷，应选用黏度较高的润滑油；往复运动和间歇运动时速度变化较大，不利于形成油膜，也应该用黏度较高的润滑油。

2）承载负荷。一般负荷越大选用油的黏度应越高，低速重负荷应考虑油品的允许承载能力，边界润滑和重负荷摩擦副应选用极压性好的油液。

3）工作温度。温度变化范围大时，应选用黏度高的油品；高温条件下工作应选用黏度和闪点高、灰分低及残炭低的油品；低温条件下工作应选用黏度低、水分少、凝固点低的耐低温油。潮湿环境及有气雾的环境应选用抗乳化性强、防锈性好的油品；尘屑飞扬的环境应注意防尘密封，并采用有效的过滤装置；有腐蚀性气体的环境应改善通风系统，并选用抗腐蚀性好的油品。

4）摩擦副的表面硬度及间隙。当表面硬度高、精度高、间隙小时，应选用黏度低的油品；反之，则选用黏度较高的油品。对垂直导轨、丝杠、外露齿轮、链条、钢丝绳等，因润滑油容易流失，应选用黏度较高的油品。

5）润滑方式。循环润滑因供油量大，要求散热快，应选黏度较低的油品；人工间歇加油应选用黏度较高的油品；用油线、油芯、油毡及滴油杯等润滑时，应选用有抗氧化添加剂的油品。

（2）润滑油的分类

1）润滑油是由基础油加入各种添加剂调和而成的。由原油提炼出来的基础油称为矿物油，用它调出的油就是矿物润滑油，可满足大多数工作场合的需要。但矿物型润滑油存在高温时成分易分解、低温时易凝结得不足。

2）合成润滑油是用化学合成法制造的基础油，并根据所需特性在其中加入必要的添加剂以改善使用性能的产品。合成润滑油的价格较高，一般是矿物型润滑油的2~3倍。合成油的主要优点表现为在低温状况下，合成油具有较好的流动性；在温度升高时，可以较好地抑制黏度降低；高温时化学稳定性较好，可减少油泥凝结物和残炭的产生。可见，合成润滑油比矿物型润滑油更适应苛刻的工况条件。

3）了解润滑油中添加剂的使用情况。添加剂在润滑油品中的主要作用是减少磨损，降低摩擦、氧化，以及提高防锈和抗腐蚀功能，合理添加润滑油添加剂可进一步改善润滑油的性能指标，以及提高风力发电机组的润滑安全可靠性。

4）常用的工业齿轮油、液压油和润滑油脂等有国产和进口两种，进口润滑油品主要是 Mobil（美孚）、Shell（壳牌）等产品，其性能质量更优，选择范围更宽，表 4-3 为推荐选用的润滑油品和牌号。

表 4-3 风力发电机组选用润滑油品和牌号

部件及系统	油品名称及使用位置		用量
传动链	齿轮箱润滑	Omala HD 320	270L/台
	主轴承集中润滑	LGWM 1	
	平面装配膏(无机富锌涂层)		
	发电机(自动润滑)	Mobilith SHC 100	
偏航系统	偏航轴承滚道润滑脂	Mobilith SHC 460	
	开式齿轮传动润滑脂	Shell GL95	
	偏航驱动器齿轮润滑油	Shell Omala HD150	13L/台
	偏航驱动器轴承润滑脂	Shell Stamila HDS2	
变桨系统	变桨轴承与开式齿轮传动集中润滑脂	RHODINA BBZ	4L/台
	变桨驱动器齿轮润滑油	Shell Omala HD150	8L/台
	变桨驱动器轴承润滑脂	Shell Stamila HDS2	
液压系统	液压油	Tells T 32	10L/台

3. 做好润滑油品管理工作

做好润滑油品管理工作十分重要，具体工作程序如图 4-5 所示。

4. 油液监测技术的应用

通过油液检测可以有效地分析出风力机在用油所处的状态，从而有效地指导设备运行和维护。油液监测有三个部分组成：一是油液污染状态监测；二是油液理化状态监测；三是设备磨损状态监测。

加强油液检测技术开发和应用，对运行风力机润滑工作是有力的支撑，油液检测技术主要应用在润滑油化验室和油液检测仪器仪表中能发挥更大作用。

油液检测技术应用主要在现场，通过近期引进国外现场油质检测仪，很快将检测油液数据反映给设备操作和管理人员，及时对设备润滑进行调整和处理。现场油质检测仪应做到：能现场快速检测各项污染物，如金属颗粒、氧化物、水、防冻液、酸等，并给出定性定量的数据；能决定油品是否仍可使用或需更换，并

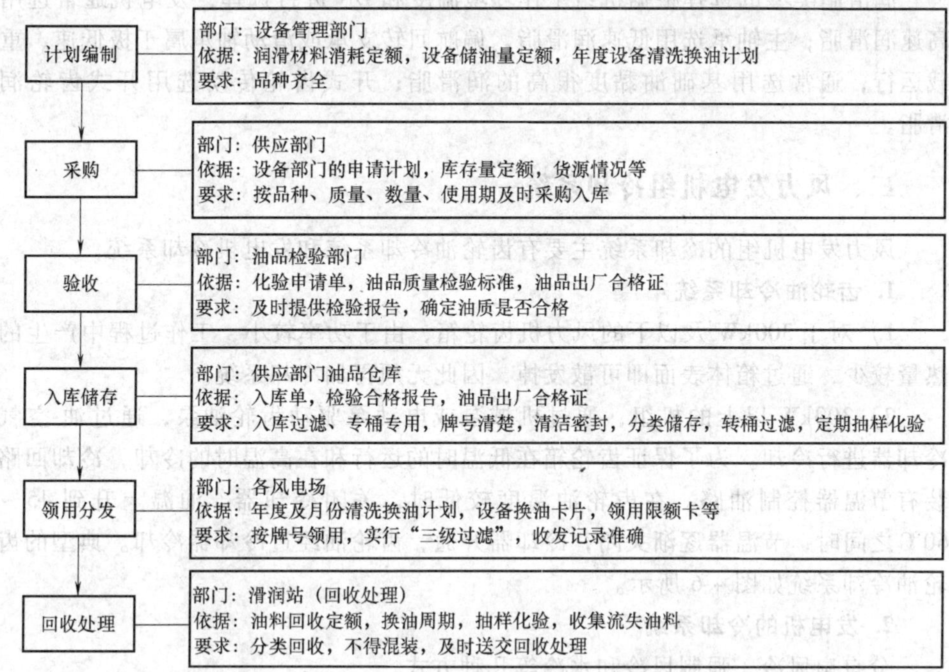

图 4-5　润滑油品管理具体工作程序

对各种油品进行快速检测及避免所有油品送实验室检测能广泛用于各种型号风力发电机组。

现场操作十分简单，只需在检测腔中滴入几滴油样，即可从其综合介电常数的变化，确定油品的污染程度、润滑油品理化状态及风力机各部件磨损情况等。

5. 风力机润滑系统

风力发电机组的润滑系统分为油润滑和脂润滑两个系统。

（1）油润滑系统　主要有增速齿轮箱的润滑、偏航减速器和变桨减速器的润滑。增速齿轮箱通常采用飞溅式润滑或强制润滑。偏航减速器和变桨减速器通常采用油浴式润滑。

润滑油采用工业齿轮油，由于机组工作环境的影响，常采用合成齿轮油，以保证机组低温时的运行。目前，常用的齿轮油常加入抗微点蚀添加剂，以增强润滑效果。

（2）脂润滑系统　主要有偏航回转支承或滑动轴承的润滑、变桨轴承的润滑、主轴轴承的润滑、发电机轴承的润滑及偏航和变桨开式齿轮传动的润滑。随着机组容量的增加，以及对润滑要求的提高和维护量的减少，逐渐被自动润滑方式替代。

润滑脂类型的选择根据机组工作环境温度和DN进行选择，发电机通常选用高速润滑脂；主轴承选用低速润滑脂，偏航回转支承或滑动轴承属于极低速、重载运行，通常选用基础油黏度很高的润滑脂；开式齿轮传动选用开式齿轮润滑脂。

二、风力发电机组冷却系统

风力发电机组的冷却系统主要有齿轮油冷却系统和发电机冷却系统。

1. 齿轮油冷却系统

1）对于300kW及以下的风力机齿轮箱，由于功率较小，工作过程中产生的热量较少，通过箱体表面即可散发掉，因此无须再加冷却系统。

2）300kW以上的机组，通过机械泵或电动泵驱动齿轮油泵，通过油-空气冷却器进行冷却。为了保证齿轮箱在低温时的运行和在高温时的冷却，冷却回路装有节温器控制油路。在齿轮油温度较低时，关闭冷却器。油温上升到45～60℃之间时，节温器逐渐关闭，冷却器开通，齿轮油经过冷却器冷却。典型的齿轮油冷却系统如图4-6所示。

2. 发电机的冷却系统

分自扇风冷、强制风冷和水冷等几种方式。

1）300kW及以下的机组通常采用自扇风冷方式，风扇叶片安装在发电机轴上，由发电机轴直接驱动。这种结构简单，但效果却差。发电机产生的热量直接排放到机舱内，使机舱内温度升高。无论在何种温度下发电机风扇都运行，消耗功率大。

2）300kW以上机组多采用强制风冷或水冷。强制风冷采用专门的冷却通道，用轴流或离心风力机驱动，风力机通常采用双速电动机。通过发电机温度控制风力机的运行状态在停止、低速和高速之间切换。采用这种方式冷却效果好，但冷却通道占用空间大，风力机的功率和噪声较大。

3）采用水冷方式的发电机外壳内安装有冷却水循环管路，通过安装在机舱外的水-空气冷却器进行散热，使用循环水泵使循环管路中的冷却液循环。由于水的比热容很大，冷却效果好，因此水冷系统体积很小，水泵驱动功率也很小，是一种理想的冷却方式。

三、风力发电机组的备件管理

在风力发电机组设备管理中，为了缩短修理的停歇时间，根据风力发电机组运行磨损规律和零件使用寿命，将容易磨损的各种零部件按一定数量储备好，以便进行更换。由于风力场地理位置分布广，运行条件复杂，为了提高风力机组运行效率，做好备件管理十分重要。

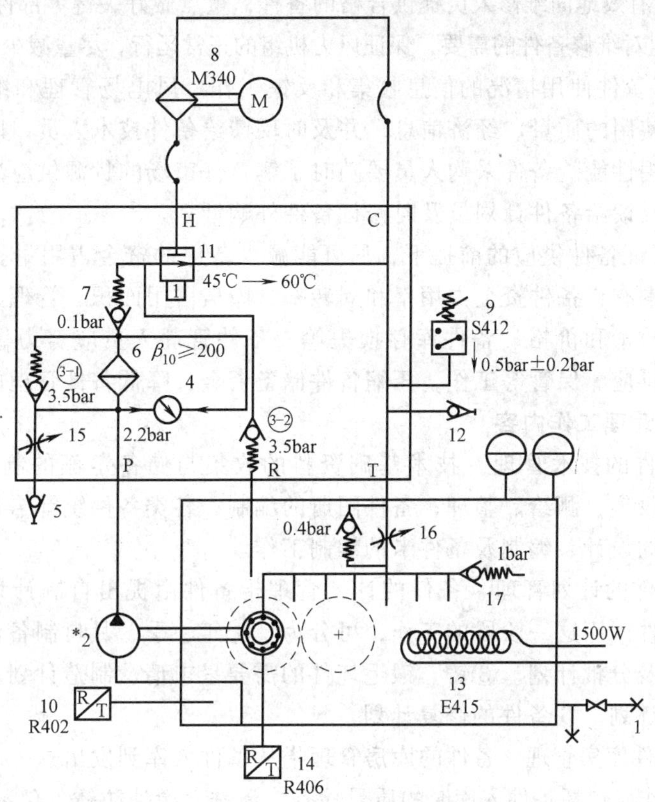

图 4-6　齿轮油冷却系统（$1bar = 10^5 Pa$）

1—放油阀　2—泵　3、7、17—单向阀　4—滤清器污染发信装置　5、12—测压接头　6—压力滤清器　8—油-空气冷却器　9—压力继电器　10—油温传感器　11—节温器　13—加热器　14—齿轮箱高速轴温度传感器　15—针阀　16—节流阀

1. 备件管理目的和任务

（1）目的　备件管理的目的是用最少的备件资金，科学合理经济的库存储备，保证风力机组维修的需要，减少设备停修时间并做到：

1）把设备突发故障所造成的生产停工损失减少到最低程度。

2）把设备计划修理的停歇时间和修理费用降低到最低限度。

3）把备件库的储备资金压缩到合理供应的最低水平。

4）备件管理方法先进，信息准确，反馈及时，满足风力机组维修需要，经济效果明显。

（2）备件管理的主要任务

1）建立相应的备件管理机构和必要的设施，科学合理地确定备件的储备品种、储备形式和储备定额，做好备件的保管供应工作。

2）及时有效地向维修人员提供合格的备件，重点做好关键零部件的供应工作，确保风力机组对维修备件的需要，保证风力机组的正常运行，尽量减少停机损失。

3）做好备件使用情况的信息收集和反馈工作。风电场管理和维修人员要不断收集备件使用的质量、经济信息，并及时反馈给备件技术人员，以便改进和提高备件的使用性能。备件采购人员要随时了解备件市场的货源供应情况、供货质量，并及时反馈给备件计划员及时修订备件外购计划。

4）在保证备件供应的前提下，尽可能减少备件的资金占用量。影响备件管理成本的因素有：备件资金占用率和周转率、库房占用面积、管理人员数量、备件制造采购质量和价格、备件库存损失等。备件管理人员应努力做好备件的计划、采购、供应、保管等工作，压缩备件储备资金，降低备件管理成本。

2. 备件管理工作内容

（1）备件的技术管理　技术基础资料的收集与储备定额的制订工作包括：备件图样的收集、测绘、整理；备件图册的编制；各类备件统计卡片和储备定额等基础资料的设计、编制及备件卡的编制工作。

（2）备件的计划管理　备件的计划管理指备件由提出自制计划或外协、外购计划到备件入库这一阶段的工作，可分为：①年、季、月自制备件计划。②外购备件年度及分批计划。③铸、锻毛坯件的需要量申请、制造计划。④备件零星采购和加工计划。⑤备件的修复计划。

（3）备件库房管理　备件的库房管理指从备件入库到发出这一阶段的库存控制和管理工作。包括备件入库时的质量检查、清洗、涂油防锈、包装、登记上卡、上架存放；备件收、发及库房的清洁与安全；订货点与库存量的控制；备件的消耗量、资金占用率、资金周转率的统计分析和控制；备件质量信息的收集等。

（4）备件的经济管理　备件的经济核算与统计分析工作，包括备件库存资金的核定、出入库账目的管理、备件成本的审定、备件消耗统计、备件各项经济指标的统计分析等。经济管理应贯穿于备件管理的全过程，同时应根据各项经济指标的统计分析结果来衡量检查备件管理工作的质量和水平，总结经验改进工作。

（5）备件联合储备管理　充分利用“互联网+”采购形式，发挥备件社会化采购优势，降低占用备件资金和风力场生产成本。

备件管理工作流程如图4-7所示。

3. 备件储备定额

（1）储备定额的意义及分类　确定备件的储备定额是备件管理的一项重要工作。它是编制风力机组维修各类备件计划的基础资料，是指导备件生产、订货、采购、储备，以及科学、经济地管理库房的依据。

从广义上讲，储备定额是指风电场为保证风力机运行和设备维修，按照经济合理的原则，在收集各类有关资料并经过计算机和实际统计的基础上所制定的备

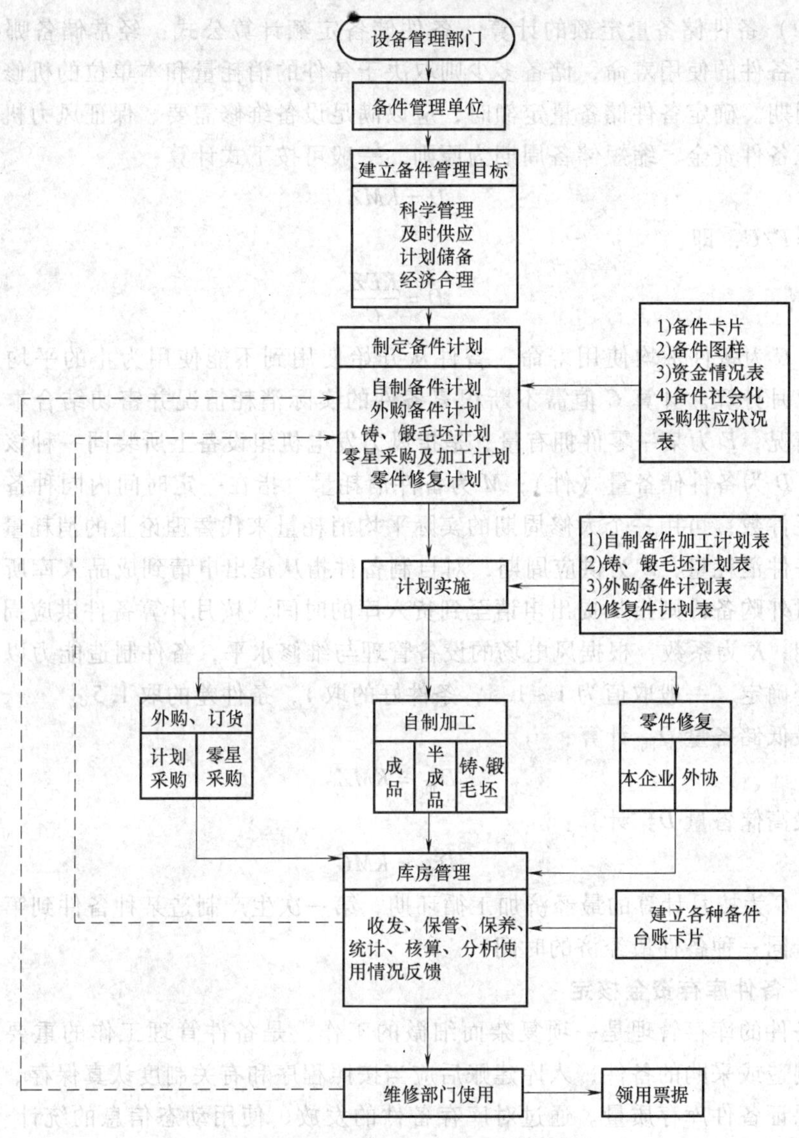

图 4-7　备件管理工作流程示意图

件储备数量、库存资金和储备时间等的标准限额，备件储备定额分类如图 4-8 所示。

- 备件储备定额
  - 按计量单位分
    - 储备量定额（数量单位：件）
    - 储备资金定额（资金单位：元）
    - 储备周期定额（时间单位：月）
  - 按备件来源分
    - 自制备件储备定额
    - 外购备件储备定额

图 4-8　备件储备定额分类示意

（2）备件储备量定额的计算　备件储备定额计算公式：经常储备哪些备件取决于备件的使用寿命，储备多少则取决于备件的消耗量和本单位的机修能力和供应周期。确定备件储备量定额时，应以满足设备维修需要、保证风力机运行和不积压备件资金、缩短储备周期为原则。一般可按下式计算：

$$D = KMZ$$

当 $M = E/C$，即

$$D = \frac{KEZ}{C}$$

式中，C 为备件平均使用寿命，备件从开始使用到不能使用为止的平均寿命时间，以月计算。计算 C 值需不断积累备件的实际消耗情况并密切结合本单位的实际情况；E 为某一零件拥有量，是指风力发电机组设备上所装同一种该零件的数量；D 为备件储备量（件）；M 为备件消耗量，指在一定时间内同种备件的实际消耗件数，可用一个大修周期的实际平均消耗量来代替理论上的消耗量，按月计算备件消耗量；Z 为供应周期，对自制备件指从提出申请到成品入库所需的时间；对外购备件则指从提出申请至到货入库的时间，按月计算备件供应周期或制造周期；K 为系数，根据风电场的设备管理与维修水平，备件制造能力以及协作条件等确定，一般取值为 1～1.5，条件好的取 1，条件差的取 1.5。

最低储备量 $D_{低}$ 计算：

$$D_{低} = KMZ$$

最高储备量 $D_{高}$ 计算：

$$D_{高} = KMG$$

式中，G 为按月计算的最经济加工循环期，第一次生产制造某种备件到第二次生产制造同一种备件最经济的时间。

4. 备件库存资金核定

备件的库存管理是一项复杂而细微的工作，是备件管理工作的重要组成部分。制造或采购的备件，入库建账后应当按照程序和有关制度认真保存、精心维护，保证备件库存质量。通过对库存备件的发放、使用动态信息的统计、分析，可以摸清备品配件使用期间的消耗规律，逐步修正储备定额，合理储备备件。同时，在及时处理备件积压、加速资金周转方面也有重要作用。

（1）备件库房要求　备件库房的建设应符合备件的储备特点。备件库房要求具备以下条件：

1）备件库的结构应高于一般材料库房的标准，要求干燥、防腐蚀、通风、明亮、无灰尘，有防火设施。

2）配备有存放各种备件的专用货架和一般的计量检验工具，如磅秤、卡尺、钢直尺、拆箱工具等。

3）配备有存放文件、账卡、备件图册、备件订货目录等资料的橱柜。

4）配备有简单运输工具及防锈去污的物料，如器皿、棉纱、机油、防锈油、电炉等。

（2）备件的ABC管理 备件的ABC管理法是物资管理中ABC分类控制法在备件管理中的应用。它是根据备件品种规格多、占用资金多和各类备件库存时间、价格差异大的特点，采用ABC分类控制法的分类原则而实行的库存管理办法，具体分类见表4-4，备件的价值分布曲线如图4-9所示。

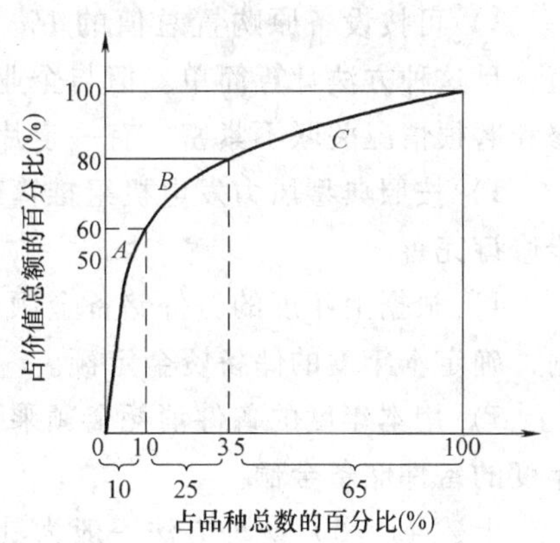

图4-9 备件的价值分布曲线

对不同种类、不同特点的备件，应当采用不同的库存量控制方法。如A类备件的特点一般为储备期长（周转速度慢）、重要程度高、储备件数较少（通常只有一两件）、采购制造较困难而价格又较高的备件。对A类备件要重点控制，应在保证供应的前提下控制进货，尽量按最经济、最合理的批量和时间进行订货和采购。可采取定时、定量进货供应，保证生产的正常需要。对B类备件，订货批量可以适当加大，时间稍有机动，库存量的控制也可比A类稍宽一些。C类物资由于其耗用资金不太大而品种较多，为了简化物资管理，可按照计划需用量一次订货，或适当延长订货间隔期，减少订货次数。

表4-4 备件的A、B、C分类

备件分类	品种数占库存品种总数的比重（%）	价值占库存资金总额的比重（%）
A类	10左右	50～70
B类	25左右	20～30
C类	65左右	10～30

（3）备件资金的核定 备件资金是风电场用于采购或制造设备维修备件所占用的资金，也称备件储备资金，属于风电场流动资金的一部分。

备件库存管理是物资运动与资金运动的统一。备件资金是在维修工作不断循环，周而复始的运动中发生的，因此应按照经济规律和价值形式进行管理。备件储备资金的核定，原则上应与风电场的规模、生产实际情况相联系。影响备件储备资金的因素较多，由于储备资金定额指标对设备管理有较重要的意义，故要求根据本身的实际情况，如任务量、设备配置状况、设备新度、磨损情况、维修能力（包括自制备件能力）和供应协作条件等确定。同时，要注意对储备资金定额不断修正，以便较合理地确定风电场的备件储备资金。

核算备件储备资金定额的方法有：

1）按备件卡规定的储备定额核算，其计算方法来源于备件卡确定的储备定额，故其合理程度取决于备件卡的准确性和科学性。

2）可按设备原购置总值的1%～2%估算，其计算依据为设备固定资产原值，且这种方法计算简单。但与企业的生产实际情况，特别是与设备的利用、维修和磨损情况关联不紧密，有一定片面性。

3）按照典型风力发电机组推算确定。这种方法计算也简单，并在实践中逐步修订完善。

4）根据上年度的备件储备金额、备件消耗金额，结合本年度的设备维修计划，确定本年度的储备资金定额。

5）用本年度的备件消耗金额乘预计的资金周转期，加以适当修正后确定下年度的备件储备金额。

上述4）、5）两种方法一般为具有一定管理水平、一定规模和生产较为稳定的风电场采用。

5. 备件联合储备管理

随着备件供应链环境的不断变化和计算机信息技术的快速发展，逐渐出现了一些新的库存管理模式，如共享联合库存、实体联合库存、供应商参与的联合库存等，这些新型的库存管理模式不但极大减少了供应链上的总库存量，也降低了资金占用成本。

为降低各风电场的库存量，又能保证风力机组对备件的潜在需求，适应风电场对备品配件的急需性和及时性，引入了备品配件联合储备的管理模式。将同一制造厂家的同类型机组的备品配件采购，改为联合采购的方式，即多个同类型的备品配件型号进行集中和归纳后，按照不同时间段进行集中采购，由各风电场分类储备。

（1）备件联合库存模式的分析

由于电站的库存备件是专为设备修理而储备的，因此，设备的维修方式对备件的库存管理有着重要影响。目前风电场的设备维修方式一般分为预防性计划维修和应急检修。对预防性计划维修方式来说，备件的需求量一般是可预测的，如机组在大修时，可提前实施专项大修备件的采购工作。在应急检修情况下，一般是按照缺货多少或停机造成损失的大小，将备件分为关键件和非关键件。关键件是指如不能立即提供将造成巨大经济损失的备件，因此对关键件管理应实施安全库存的管理策略。如果每个风电场都将关键件按照安全库存状态管理的话，就会使总的库存量远高于总需求量，而造成不必要的经济损失。备件联合库存模式是建立在集团一体化基础上的一种备件共存、共享的库存管理模式，强调各方同时参与、共同制订库存控制计划，可大幅度减少资金占用量和降低生产成本。根据备件库存管理要素的不同，联合库存一般分为共享联合库存、实体联合库存和供应商参与的联合库存等。

1）共享联合库存。共享联合库存模式的特点是：不设共同的实体联合仓库，用于共享的备件可分别存放于各参与方的仓库中，所有权属各参与方。由用户方共同制定备件的共享范围和使用方式，当一方需要他方仓库里的共享备件时，可借用或购买。此方式比较适于价格昂贵而使用较少的战略性备件。各风电场备件库应将共享备件划分出来，借助 ERP（企业资源计划）信息系统将参与共享的备件库存状况及时公布，每个参与者均可通过该系统及时了解各风电场的库存情况或寻找急需的备件。

2）实体联合库存。这种库存是指各风电场根据地址优化原则、在合适的地理位置选定联合仓库，用于存放共享备件，并共同制定仓库控制管理策略，备件的所有权归全体参与者。实体联合库存适于企业间地理位置相近及价值高和用量低的备件。其优点是备件库实体由联合储备参与方共同掌控，实物清晰可见。

3）供应商参与的联合库存。这种库存是指供应商参与的联合库存方式，用户与供应商之间能够建立起比较稳定的战略合作伙伴关系，将共享备件的库存管理权和所有权统交由供应商掌管。各风电场以较少的流动资金可赢得较大范围的备品配件储备，是供应商经营战略的延伸和发展，使供需双方的责任与权利更加平衡和明确。一方面减少了风电场流动资金占用和备件积压的风险，另一方面加深了供应商与各风电场之间的合作关系，还可获取到更为准确的备件需求信息，进而增强了供货的可靠性和减少了自身冗余备件的库存量。此模式的最大优点是，供应商得到了用户比较准确的备件需求信息，保证了供货的可靠性。

（2）多基地备件联合储备的实施

1）建立联合储备的基本思路。

① 搞好备品配件联合储备模式的关键是，需要有一个带头的组织单位和一个网络平台。联合库存管理强调的是，供应链中各环节单位都应同时参与和共同制定库存计划，使供应链中的每个库存管理者都能基于在相互协调和相互负责的基础上考虑问题。

② 签署联合储备协议。为保证能较好地履行各自的权利与义务，通过签署备件联合储备协议，使各风电场成为联合储备的成员。成员可通过 ERP 系统网络平台发布本企业的库存状况和调剂信息，实时查询其他成员单位备品配件的储备情况，实现成员之间备件储备信息的在线共享。这样既解决了零散需求的集中处理，也进一步发挥了规模效应和提高了备件采购与储存的工作效率。

③ 确定备件储备定额。备件储备定额是控制库存的关键，也是一较复杂的课题。储备定额应根据在用设备的数量、重要程度和储备方式等因素制定。它是评价库存结构和实现科学储备的最基础工作。

④ 建立优化的备件联合储备机制。通过分析、比较适用范围和试行运作机制，以及各风电场的不同特点等因素，选择虚拟联合库存和供应商参与的联合库存模式并用的方式。两种模式通过优势互补，既可以建立起更为优化的备件联合储备机制，又满足了各风电场的不同需求。

2）通过协议建立起的合作关系。联合储备成员通过签署备件联合储备协议，进一步明确了备品配件联合储备的管理方法，储备目标、内容和机制，更加明确各风电场及各集团之间互惠互利的合作关系。在供应商参与的联合库存模式下，各风电场应与供应商建立起更为相互信任的战略合作伙伴关系。

3）联合储备信息系统的功能模块。联合储备信息系统的功能模块共分为两个部分，即风电场内部管理层和集团归口管理层。

① 风电场内部管理层信息模块。主要包括物资管理的基本功能，如能跟踪备件的使用状况，以及控制备件的各个流通和周转环节等。在采购申请、库存控制、验收入库、发放、退料（退货）和盘点管理等功能的基础上，还增加了联合储备模块，包括借出、借入、归还、结算和报表等功能。

② 集团归口管理层信息模块。主要包括储备计划、库存量管理、借用和监管等功能。以集团内部管理为基础，整合各风电场联合储备的信息资源，实施网上办理调剂手续和实时更新库存信息等。建立统一的备件编码制度，保持各风电场与集团 ERP 网络系统的畅通。

4）从战略备件入手，逐步扩大联合储备范围。新项目应在投产前建立备品备件和消耗性备件的库存定额，库存定额应根据实际备件消耗规律和采购规律进行不定期的修订。设备变更后要及时提出修订建议，以便不断完善和确定合理库存量，满足生产需要。

各风电场生产用的备品配件应满足投产后两年的正常维修需用量。在审核工程采购合同的备品配件清单时，应重点考虑联合储备对各风电场备品备件和消耗备件库存量产生的影响。应由备件联合储备带头组织单位协调和分配好各风电场工程合同中需要采购备件的种类和数量。从技术复杂、价值高的关键战略性备件入手，在工程合同的执行阶段应首先完成第一批联合储备的备件清单，再逐步扩大联合储备的范围。按照盘活库存、资源优化和科学合理的原则，首先考虑利用风电场的现有库存。将各风电场的联合储备库存均视为一个整体，在集团范围内实现共享，各风电场需用备品配件时，优先在集团内部调配。

在风电大发展的背景下，建立多基地备件联合储备平台的时机已经成熟，各方面的要求也更为迫切。建立适应新形势下的备件联合储备运行机制，推行备件联合库存的管理措施，一方面能扩大备件的储存范围，确保风电场的安全、稳定运行；另一方面也可发挥出规模效应，进一步优化物资储备和加快物资周转。不仅具有明显的经济效益和现实意义，而且为集团公司实现集中打包式的采购进口物资，打下良好的基础。

通过实施备件联合储备的新模式，确保了所有风电场维修备件的及时供应，缩短了20%的维修时间，压缩备件资金占用35%，加快备件资金周转25%，减轻备件管理工作量30%，确保了风电场安全可靠、经济合理运行。

第五节　风力发电设备技术管理

随着风力发电机组市场需求的不断扩大，以及新技术在风力发电领域的不断应用，加强对风力发电机组运行的技术管理逐步成为一个新的课题。风力发电机组运行的技术管理主要包括：建立和逐步完善运行技术分析报告、建立和完善主要技术经济指标，以及做好技术档案管理这三个方面的工作。

一、建立运行技术分析报告

1. 报告具体要求

风电场应根据场内风力发电机组及输变电设施的实际状态及生产任务完成情况，按规定时间完成月度、季度、年度风电场运行分析报告。报告中，应结合历年的报告及数据，对设备的状态、电网状况、风速变化情况及生产任务完成情况进行分析对比，找出运行的变化规律，及时发现生产过程中存在的问题，并进行可行性分析及提出行之有效的解决方案，促进运行管理水平的提高。

2. 做好风力发电设备状态分析

风力发电机组设备状态分析工作如图4-10所示。对在用风力发电机组设备技术状态进行定期统计评价，从而找出薄弱环节，并采取针对措施，不断提高风力发电机组设备运行效率。具体如下：

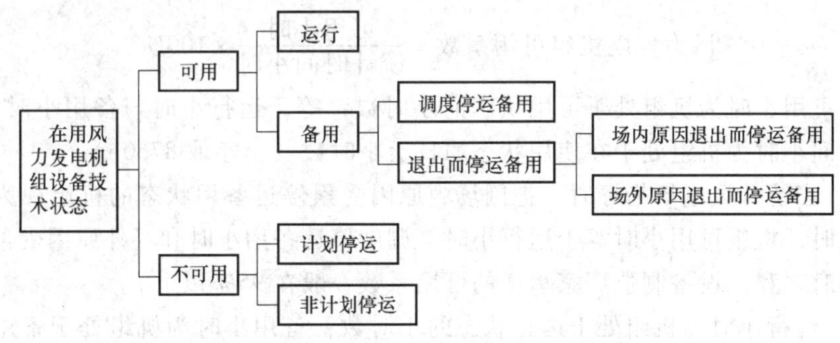

图4-10　风力发电机组设备状态

(1) 可用　机组处于能够执行预定功能的状态，不论其是否在运行或提供了多少出力。

1) 运行，机组在电气上处于连接到电力系统的状态，或虽未连接到电力系统，但在风速条件满足时，可以自动连接到电力系统的状态。机组在运行状态时，可以是带出力运行，也可以是因风速过高或过低，其出力受到影响。

2）备用，机组处于可用，但不在运行状态。

① 调度停运备用，机组本身可用，但因电力系统需要，执行调度命令的停运状态。

② 退出而停运备用，机组本身可用，因机组以外的原因造成的机组被迫退出运行的状态，即：a. 场内原因退出而停运备用——因机组以外的场内设备停运如汇流线路、箱式变电站、主变压器等故障或计划检修，造成机组被迫退出运行的状态。b. 场外原因退出而停运备用——因场外原因（如外部输电线路、电力系统故障等）造成机组被迫退出运行的状态。

（2）不可用　机组不论什么原因处于不能运行或备用的状态。

1）计划停运，机组处于计划检修或维护的状态。计划停运应是事先安排好进度，并有既定期限的定期维护。

2）非计划停运，机组不可用而又不是计划停运的状态。

二、主要技术经济指标

风力发电机组及风电场的可靠性评价必须尊重科学、实事求是、严肃认真、全面而客观地反映风力发电机组的真实情况，做到准确、及时、完整。国内现行的技术经济指标主要包括：计划停运系数、非计划停运系数、可用系数、运行系数、容量系数、利用系数、出力系数、非计划停运率、非计划停运发生率、暴露率、连续可用小时、平均无故障可用小时等。其中，可用系数和容量系数是衡量风力发电机组整机性能和风电场经济效益的主要技术经济指标。

（1）风力发电机组可用系数的计算

$$\text{风力发电机组可用系数}=\frac{\text{可用小时}}{\text{统计时间小时}}\times 100\%$$

式中，可用小时为机组处于可用状态的小时数，等于运行小时与备用小时之和；统计时间小时为机组处于在使用状态的日历小时数（全年取 8760h）。

1）当统计风电场指标时，把因场内原因受累停运备用状态的机组视为不可用。此时，机组可用小时等于运行小时、调度停运备用小时和场外原因受累停运备用小时之和。设备制造厂家承诺的可用系数一般在 95% 以上。

2）运行小时为机组处于运行状态的小时数；备用小时为机组处于备用状态的小时数；调度备用小时为机组处于调度停运备用状态的小时数；受累停运备用小时数为机组处于受累停运备用状态的小时数，受累停运备用小时又分为场内原因受累停运备用小时数和场外原因受累停运备用小时数。

（2）风力发电机组容量系数的计算

$$风力发电机组容量系数 = \frac{实际发电量}{(统计时间小时数 \times 机组额定容量)} \times 100\%$$

受安装位置、机组性能等因素的影响，风力发电机组的容量系数不尽相同，其值约为20%～40%。

三、技术档案管理

风电场应设立专人进行技术文件的管理工作，建立完善的技术文件管理体系为生产实际提供有效的技术支持。风电场除应配备电力生产企业生产需要的国家有关政策、文件、标准、规定、规程及制度外，还应针对风电场的生产特点建立风力发电机组技术档案及场内输变电设施技术档案。

1. 主要技术文件，具体如下：

（1）风电场每台风电机组应有的技术档案

1）制造厂提供的设备技术规范和运行操作说明书、出厂试验记录及有关图样和系统图。

2）风电机组安装记录、现场调试记录和验收记录及竣工图样和资料。

3）风电机组输出功率与风速关系曲线（实际运行测试记录）。

4）风电机组事故和异常运行记录。

5）风电机组检修和重大改进记录。

6）风电机组运行记录的主要内容有发电量、运行小时、故障停机时间、正常停机时间、维修停机时间等。

风电场的运行记录包括日发电曲线、日风速变化曲线、日有功发电量、日无功发电量、日厂用电量。

7）其他相关记录还包括运行日志，运行年、月、日报表，气象记录（风向、风速、气温、气压等），缺陷记录，故障记录，设备定期试验记录，培训工作记录等。

（2）风电场应有必要的规程制度　规程制度包括安全工作规程、消防规程、工作票制度、操作票制度、交接班制度、巡回检查制度、操作监护制度等。

2. 技术档案

风力发电机组及风电场输变电设施技术档案见表4-5。

表4-5　风力发电机组及风电场输变电设施技术档案

项目 / 序号	机组建设期档案		运行期档案	
	机组出厂信息	机组安装记录	运行记录	运行报告
1	运行维护手册	安装检验报告	机组月度产量记录表	机组油品分析报告
2	机组技术参数介绍	现场调试报告	机组月度故障记录表	机组运行功率曲线

（续）

序号＼项目	机组建设期档案		运行期档案	
	机组出厂信息	机组安装记录	运行记录	运行报告
3	主要零部件技术参数	500h 试运行报告	机组月度发电小时记录表	机组年度运行分析报告
4	机组出厂合格证	验收报告	机组年度检修单	机组非常规性故障处理报告
5	出厂检验清单	设备交接协议	机组零部件更换记录表	机组重大技术改进报告
6	机组试验报告	配套输变电设施资料	机组油品更换记录表	
7	机组主要零部件清单	设备编号及相关图样	机组配套输变电设施维护记录表	

第六节　风力发电设备故障与事故处理

由于风力发电机组运行条件要求高，各种因素都会造成风力机组出现故障或事故，必须严格按照规定认真分析故障或事故产生的原因，并采取必要的安全和技术措施，确保风力发电机组安全可靠地运行。

一、基本要求

风力发电机组及风电场故障与事故处理基本要求如下：

1）当风电场设备出现异常运行或发生事故时，当班值长应组织运行人员尽快排除异常，恢复设备正常运行，且处理情况记录在运行日志上。

2）事故发生时，应采取措施控制事故不再扩大，并及时向有关领导汇报。在事故原因查清前，运行人员应保护事故现场和损坏的设备，特殊情况（如抢救人员生命）例外。如需立即进行抢修的，必须经领导同意。

3）当事故发生在交接班过程中，应停止交接班，交班人员必须坚守岗位、处理事故，接班人员应在交班值长指挥下协助处理事故。事故处理告一段落后，由交接双方值班长决定是否继续交接班。

4）事故处理完毕后，当值班长应将事故发生的经过和处理情况，并如实记录在交接班簿上。事故发生后应根据计算机记录，对保护、信号及自动装置情况进行分析，查明事故发生的原因，并写出书面报告，汇报上级领导。

二、故障处理

风力发电机组在运行中出现的常见故障现象具体处理如下。

1）当标志机组有异常情况的报警信号出现时，运行人员要根据报警信号所提供的故障信息及故障发生时计算机记录的相关运行状态参数分析，并查找故障的原因；再根据当时的气象条件采取正确的方法及时进行处理，还应在“风电场运行日志”上认真做好故障处理记录。典型故障处理如下：

① 当液压系统油位及齿轮箱油位偏低时，应检查液压系统及齿轮箱有无泄漏现象发生。若有则根据实际情况采取适当防止泄漏措施，并补加油液恢复到正常油位。在必要时，应检查油位传感器的工作是否正常。

② 当风力发电机组液压控制系统压力异常而自动停机时，运行人员应检查油泵工作是否正常。如油压异常，应检查液压马达、液压管路、液压缸及有关阀体和压力开关，必要时应进一步检查液压泵工作是否正常，待故障排除后再恢复机组运行。

③ 当风速仪、风向标发生故障，即风力发电机组显示的输出功率与对应风速有偏差时，应检查风速仪、风向标转动是否灵活。如无异常现象，则进一步检查传感器及信号检测回路有无故障，并予以排除。

④ 当风力发电机组在运行中发现有异常声响时，应查明声响部位。若为传动系统故障，应检查相关部位的温度及振动情况，并分析具体原因找出故障隐患，及时做出相应处理。

2）风电机组在运行中发现设备和部件超过运行温度而自动停机的处理。当风电机组在运行中发电机温度、晶闸管温度、控制箱温度、齿轮箱油温、机械制动器制动片温度超过规定值时，均会造成自动停机。运行人员应查明设备温度上升原因，如检查冷却系统、制动片间隙、制动片温度传感器及变送回路。待故障排除后，才能再起动风电机组。

3）当风力发电机组因偏航系统故障而造成自动停机时，运行人员应首先检查偏航系统电气回路、偏航电动机、偏航减速器及偏航计数器和扭缆传感器的工作是否正常。必要时应检查偏航减速器润滑油油色及油位是否正常，借以判断减速器内部有无损坏。对于偏航齿圈传动的机型，还应考虑检查传动齿轮的啮合间隙及齿面的润滑状况。此外，因扭缆传感器故障致使风力发电机组不能自动解缆的也应予以检查处理。待所有故障排除后再恢复起动风力发电机组。

4）当风力发电机组桨距调节机构发生故障时，对于不同的桨距调节形式，应根据故障信息检查确定故障原因，需要进入轮毂时应可靠锁定叶轮。在更换或调整桨距调节机构后应检查机构动作是否正确可靠，必要时应按照维护手册要求进行机构连接尺寸测量和功能测试。经检查确认无误后，才允许重新起动风力发电机组。

5）风电机组因调向故障而造成自动停机的处理。运行人员应检查调向机构电气回路、偏航电动机与缠绕传感器工作是否正常，电动机损坏应予更换；对于因缠绕传感器故障致使电缆不能松线的应予处理。待故障排除后再恢复自起动。

6）当风力发电机组安全链回路动作而自动停机时，运行人员应借助就地监控机提供的故障信息及有关信号指示灯的状态，查找导致安全链回路动作的故障环节，经检查处理并确认无误后，才允许重新起动风力发电机组。

7）当风力发电机组运行中发生主空气开关动作时，运行人员应当目测检查主回路元器件外观及电缆接头处有无异常，在拉开箱变侧开关后应当测量发电机、主回路绝缘及晶闸管是否正常。若无异常可重新试送电，借助就地监控机提供的有关故障信息进一步检查主空气开关动作的原因。若有必要应考虑检查就地监控机跳闸信号回路及空气开关自动跳闸机构是否正常，经检查处理并确认无误后，才允许重新起动风力发电机组。

8）风电机组转速超过极限或振动超过允许振幅而自动停机的处理。风电机组运行中，由于叶尖制动系统或变桨系统失灵会造成风电机组超速；若机械不平衡，则会造成风电机组振动超过极限值。以上情况发生均使风电机组安全停机。运行人员应检查超速、振动的原因，经处理后，才允许重新起动。

9）风电机组运行中发生系统断电或线路开关跳闸的处理：当电网发生系统故障造成断电或线路故障导致线路开关跳闸时，运行人员应检查线路断电或跳闸原因（若逢夜间应首先恢复主控室用电），待系统恢复正常，则重新起动机组并通过计算机并网。

10）由气象原因导致的机组过负荷或电机、齿轮箱过热停机，以及出现叶片振动，过风速保护停机或低温保护停机等故障，如果风力发电机组自起动次数过于频繁，值班长可根据现场实际情况决定风力发电机组是否继续投入运行。

11）风电机组因异常需要立即进行停机操作的顺序：

① 利用主控室计算机进行遥控停机。

② 当遥控停机无效时，则就地按正常停机按钮停机。

③ 当正常停机无效时，使用紧急停机按钮停机。

④ 仍然无效时，拉开风电机组主开关或连接此台机组的线路断路器。

三、风电场事故处理

1）发生下列事故之一者，风电机组应立即停机处理：①叶片处于不正常位置或相互位置与正常运行状态不符时；②风电机组主要保护装置拒动或失灵时；③风电机组因雷击损坏时；④风电机组因发生叶片断裂等严重机械故障时；⑤制动系统发生故障时。

2）当机组发生起火时，运行人员应立即停机并切断电源，并迅速采取灭火措施，防止火势蔓延；当机组发生危及人员和设备安全的故障时，值班人员应立即拉开该机组线路侧的断路器。

3）风电机组主开关发生跳闸时，要先检查主电路晶闸管、发电机绝缘是否击穿，主开关整定动作值是否正确，确定无误后才能重合开关，否则应退出运行作进一步检查。

4）机组出现振动故障时，要先检查保护回路，若不是误动，应立即停止做进一步检查。

5）风电场内电气设备的事故处理可参照相应标准的规定处理，即：①升压站事故处理参照 GB 14285《继电保护技术规程》、DL 408—2005《电业安全工程规程》DL 5027—2015《电力设备典型消防规程》等进行处理；②风电机组的升压变压器事故处理参照 DL/T 572—2010《电力变压器运行规程》等规定处理；③风电场内电力电缆事故处理参照 Q/GDW512—2010《电力电缆线路运行规程》等规定处理。

第七节　设备资产管理

设备是现代化企业的生命线和支柱，先进的设备和技术是保障生产良性发展的基础。但要发挥设备最大功效，提高设备利用率，实现经济效益的最大化，就必须提高设备管理及技术整体水平和做好设备运行工作。将先进的设备技术和管理理念与企业的实际情况相结合，才能充分发挥设备的应有性能。

现代化工业设备越来越大型化、复杂化，并且要求连续生产，如果发生故障停机将造成严重损失，甚至于产生极大不良后果；现代化生产对设备的依赖程度越来越高，对管理人员、现场操作人员全面掌握设备技术状态的要求越来越高；现代化工业生产设备与产品质量、安全环保、能耗等关系越来越密切。因此，加强对设备工程技术及发展趋势研究具有特别重要的意义。

一、现代设备发展趋势

1. 现状

设备可为企业和社会创造效益，如提高产品质量、减少原材料消耗、充分利用生产资源及减轻工人劳动强度等，从而创造了巨大的财富。但是，设备运行过程中也会给企业和社会带来一系列新问题。

（1）购置费用越来越大　由于现代设备技术先进、结构复杂、设计和制造费用昂贵，大型、精密设备的价格一般都达数十万元之多，高级的进口设备价格更加昂贵，有的高达数百万美元。在现代企业里设备投资一般要占固定资产总额的 40%～75%。

（2）正常运转成本日益增大　现代设备的能源、资源消耗很大，运行费用也高，同时设备维护保养、检查修理费用也十分可观，如我国制造企业的维修费一般占生产成本的8%～15%。

（3）故障停机造成损失巨大　由于现代设备的工作容量大、生产效率高、作业连续性强，一旦发生故障停机造成生产中断，就会带来巨额的经济损失。如鞍山钢铁集团某公司的半连续热轧板厂，停产一天损失利润80万元；北京某石化公司乙烯设备停产一天，产值损失400万元。

（4）事故带来严重后果　设备往往是在高速、高负荷、高温、高压状态下运行，其承载的压力大，磨损、腐蚀也会大大增加。一旦发生事故极易造成设备损坏、人员伤亡、环境污染，并导致灾难性的后果。

（5）设备工程社会化协作发展迅猛　设备从研究、设计、制造、安装调试到使用、维修、改造、报废，各个环节往往要涉及不同行业的许多单位、企业，同时改善设备性能、提高人员素质、优化设备效能、发挥设备投资效益，不仅需要企业内部有关部门的共同努力，而且也需要社会上有关行业、企业的协作配合，所以设备工程已经成为一项社会系统工程。

2. 设备工程在企业中的地位

设备工程在企业中占有十分重要的地位。企业中的计划、质量、生产、技术、物资、能源和财务管理，都与设备管理有着紧密的关联。

（1）工业生产运行的必备条件　一船设备占工业企业固定资产总值60%以上，也是工业生产的物质技术基础。工业企业的劳动生产率不仅受员工技术水平和管理水平的影响，而且所使用的工具、设备的完善程度和设备技术直接影响企业生产过程各环节之间的协调配合。

（2）提高经济效益的重要条件　随着生产的现代化发展，企业用在设备方面的费用（如能源费、维修费、固定资产占用费等）越来越多，搞好设备的经济管理，提高设备技术水平和利用率，对降低成本意义重大。另外，设备的技术状态也影响企业的能耗和有害物的排放、停产损失、产品质量、原材料消耗、产品工时消耗等，设备管理是企业安全生产和环境保护的有力保证。

（3）对技术进步、工业现代化起促进作用　科学技术进步的过程是劳动手段不断完善的过程，科学技术的新成果往往迅速地应用在设备上，所以设备是科学技术的结晶；而新型劳动手段的出现又进一步促进科学技术的发展，新工艺、新材料的应用，新产品的发展都靠设备来保障。为此要提高设备管理水平，加强在用设备的技术改造和更新，力求设备每次修理和更新都使设备在技术上有不同程度的进步。现代设备管理对促进技术进步、实现工业现代化具有重要作用。

（4）保证产品质量的基础　设备是影响产品质量的主要因素之一，产品质量直接受设备精度、性能、可靠性和耐久性的影响，高质量的产品靠高质量的设备来获得。但缺少设备的基础保证往往质量不稳定，并且效率不高。所以搞好设备管理，保证设备处于良好技术状态，也就是为生产优质产品提供的必要条件。

3. 设备工程方针与目标

企业的方针与目标是对企业经营活动全过程实行综合管理的一种科学管理方法。企业领导通过制定的经营方针和奋斗目标，调动企业全体职工的积极性，推动企业的生产经营活动，实现企业的经营目标。它的要点是以预定方针和最优效果为目标，使企业的各部门、各层次、各项管理工作都围绕着企业方针目标的实现而统筹运动，各司其职、各负其责，形成一个科学化、标准化、制度化的管理体系。企业要实现其生产经营方针，达到品种发展快、产品质量好、生产效率高、产品成本低、交货及时、服务优良的目标，就应实施方针与目标管理。

（1）制订方针　企业的方针是企业全体职工统一思想、统一步调的保证。企业方针包括“方针”“目标”和“措施”三个部分，具体如下。

1）方针。它应体现企业的经营目的，既要激励员工的雄心壮志，又要实事求是，切实可行。

2）目标。根据方针的内容、企业的现状或问题点，逐个对应地提出定量的目标与目标值，目标可以用生产计划指标或经营管理的技术经济指标表示，要突出重点，而不是生产计划指标的罗列。

3）措施。它应包括措施项目、负责实施的责任部门、协同单位和完成时间。措施要根据目标来制定，以保证目标的实现。

制订设备管理方针、目标的实例见表4-6。

表4-6　制订设备管理方针、目标

方针	目标值	对策措施
安全可靠、经济合理	加强设备维修管理： 1)设备完好率95%以上 2)完好标准定期检验率100% 3)主要设备计划修理完成率100%	1)开展预防维修活动 2)加强管理,提高计划准确性 3)做好修前技术准备工作
	搞好设备状态管理： 1)设备故障率15%以下 2)设备完好评分平均85分以上 3)无重大事故	1)坚持日常维护 2)按期进行维护 3)按期清洗换油 4)执行事故分析报告制度 5)重点设备进行状态监测 6)评出优秀维护操作者和维修工并给予奖励
	加强备件管理： 1)提高管理水平,实现动态管理 2)库房整顿,创一流库房	1)设备的常用备件及关键件建立动态表 2)仓库管理应用ABC法 3)达到一流库房标准
	提高人员素质： 办专业人员学习班四期	1)组织操作人员排除故障学习班 2)组织备件技术人员学习班 3)组织电气动力操作人员学习班 4)组织状态监测人员学习班

（续）

方针	目 标 值	对 策 措 施
安全可靠、经济合理	加强管理基础工作： 1)加强基础工作,建立各种台账、卡片、规章制度、备件图册等 2)建立设备管理程序 3)确保维修费用(大修费用及车间维修费用)不超支	1)定期检查评比,不断完善基础工作 2)编制、学习、推行、检查、巩固各种管理程 3)审核、预决算全厂维修费,开展定期分析

（2）目标　企业的管理目标就是企业的中、长期发展规划与实现规划的战略措施，它们的具体化、数量化就是企业的总目标。把企业的总目标按部门、按层次自上而下逐级加以分解，形成一系列分目标和子目标，层层落实直到个人，这个过程叫作方针目标展开。

建立设备管理目标体系。设备是企业进行生产经营的物质技术基础，企业的设备管理工作是企业生产管理的重要组成部分。设备管理工作的目标是企业目标管理体系的一个组成部分，作为企业总系统的一个分系统，它有自身的具体目标。企业的经营目标可用目标树的形式表示，如图 4-11 所示。

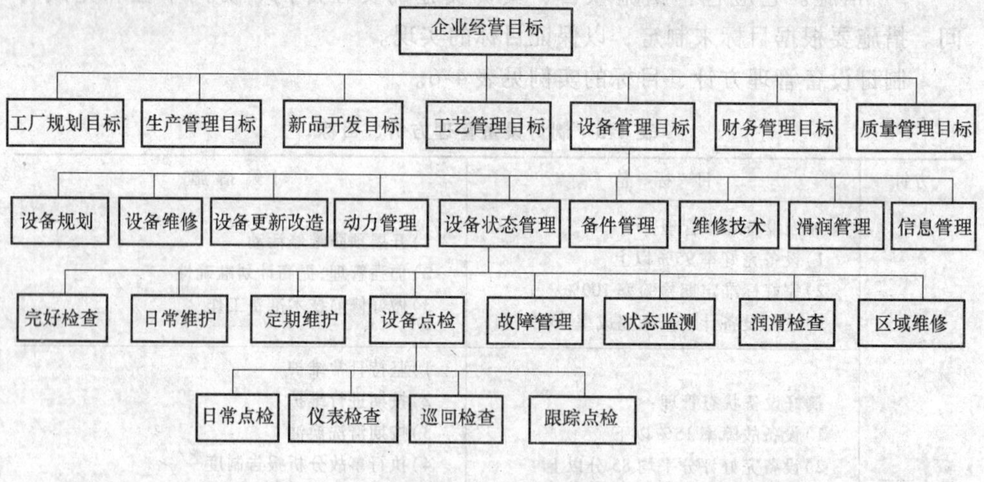

图 4-11　企业经营目标

设备的管理目标，除了保证实现企业不同时期经营总目标对设备管理工作要求的具体目标外，还包括企业设备正常工作的技术经济指标，它是衡量企业设备管理水平的尺度。某风电企业设备管理目标体系如图 4-12 所示。

（3）设备主要考核经济指标

1）主要设备完好率：

$$主要设备完好率 = \frac{主要设备完好台数}{主要设备总台数} \times 100\%$$

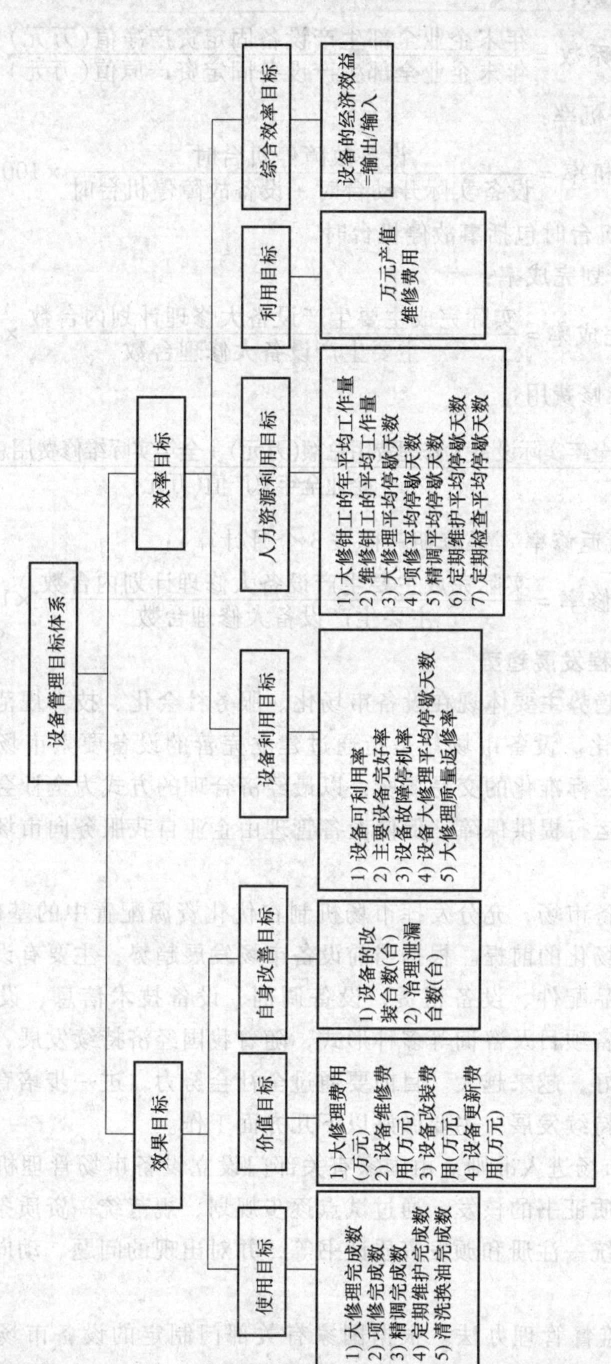

图 4-12　设备管理目标体系

2）设备新度系数：

$$设备新度系数=\frac{年末企业全部生产设备固定资产净值(万元)}{年末企业全部生产设备固定资产原值(万元)}$$

3）设备故障停机率：

$$设备故障停机率=\frac{设备故障停机台时}{设备实际开动台时+设备故障停机台时}\times 100\%$$

式中，设备故障停机台时包括事故停机台时。

4）设备大修计划完成率：

$$设备大修计划完成率=\frac{实际完成主要生产设备大修理计划内台数}{主要生产设备大修理台数}\times 100\%$$

5）万元产值维修费用：

$$万元产值维修费用=\frac{全年实际设备大修理费用总额(万元)+全年实际维修费用总额(万元)}{企业全年总产值(万元)}$$

6）大修理质量返修率（保修期一律按3个月计算）：

$$大修理质量返修率=\frac{实际完成主要生产设备大修理计划内台数}{主要生产设备大修理台数}\times 100\%$$

4. 我国设备工程发展趋势

设备工程发展趋势主要体现在设备市场化、服务社会化、技术规范化。

（1）设备市场化　设备市场化是指通过建立完善的设备要素市场，为全社会设备提供规范化、标准化的交易场所，以最经济合理的方式为全社会设备资源的优化配置和有效运行提供保障，促使设备管理由企业自我服务向市场提供优质服务转化。

培育和规范设备市场，充分发挥市场机制在优化资源配置中的基础性作用，是实现设备管理市场化的前提。根据当前设备市场发展趋势，主要有设备维修和专业修理、设备备品配件、设备租赁、设备调剂、设备技术信息、设备培训教育、设备展览、设备项目及咨询等多种形式，随着我国经济持续发展，设备市场发展前景会越来越好，越来越大。目前要通过全社会努力，进一步培育和规范设备市场，促进经济持续发展，主要做好以下几方面工作。

1）制定设备市场进入准则。由国家有关部门设立设备市场管理机构负责资质等级的认定和资质证书的核发，通过试点逐步规划、规范统一资质条件、统一申报和审批程序、统一注册和颁发资质证书等，并对出现的问题、动向进行统一协调。

2）设备市场监督管理办法。根据国家有关部门制定的设备市场的管理条例，尽快制定设备市场监督管理办法，有计划地制定和编制设备维修质量标准、设备技术鉴定标准、设备竣工验收标准等。

3）加强设备市场的价格管理。根据实际工作经验提出设备修理、设备租赁的收费标准，依此浮动收费；备品配件销售按合理差价收费；旧设备调剂原则上依据质量论价，重要设备应进行价值评估。

4）加强设备市场的合同管理。为保障交易双方的合法利益，稳定经济秩序，设备交易合同条款除质量、价格要求外，还应规定交货期、保修期、修后服务、违约责任及赔偿等内容。

5）进一步健全设备市场监督和仲裁机构。一方面预防和惩处市场中违法违纪行为；另一方面，开展服务质量鉴定、纠纷调解、仲裁等工作。监督机构通过鼓励或限制企业或个人的某些市场行为，解决市场出现的各种问题和困难，促进设备市场的健康发展。

（2）服务社会化　服务社会化是指适应社会化大生产的客观规律，按照市场经济发展的客观要求，组织设备运行各环节的专业化服务，形成全社会的设备管理服务网络，使企业设备运行过程中所需要的各种服务由自给转变为由社会提供的服务，且由形成行业的专业机构来承担。把各专业化企业推向市场，遵循社会化的行为准则，成为合格的专业服务机构，并不断在社会化服务中发挥作用。设备管理的社会化是以组建中心城市（或地区）的各专业化服务中心为主体，与城市的其他系统一起形成全方位的全社会服务网络。

1）强化制造企业的售后服务体系。强化承担为用户提供有关设备的使用、维修、咨询和培训操作、维修人员的服务；在中心城市或地区设立设备维修和备品备件供应网点；制造企业应利用售后服务体系的各项业务活动，广泛搜集设备用户的信息反馈，以便积极改进产品的设计、制造水平。

2）规范设备维修与改造专业化服务中心。鼓励和培育在设备资产、技术状况、维修力量等方面具备条件的单位，组建中心城市各类通用设备、专业设备的维修与改造专业化服务中心，为社会提供规范化、标准化服务，尤其重要的是开展精密、数控、大型、稀有等设备的专业化维修及进口设备、备品配件的消化和创新工作。还要结合大修进行技术改造，提高装备质量。

3）发展设备交易中心。设备交易包括设备调剂、设备租赁、设备销售等服务内容。通过开展技术鉴定和资产评估，促进设备调剂、租赁等工作的规范化。建立和完善中心城市可调剂、租赁设备资源信息系统。企业资金短缺，可通过融资性设备租赁进行设备更新。目前，施工设备、运输设备、起重设备的租赁工作已在我国取得了成功的经验，还需要进一步鼓励和培育，以及政策上的配套优惠措施。

4）推广建立设备诊断技术服务中心。在企业推广状态维修的进程中，各地区和行业协会应充分发挥宏观指导作用，积极倡导和支持建立状态诊断技术的社会化服务机构。除为企业提供状态监测诊断技术培训咨询服务外，主要是为企业提供精密诊断技术服务。

5）逐步建立设备技术信息中心。提供大量设备科学技术、经营管理、设备和备品配件的供需、设备维修保养状态诊断，更新改造等国内外信息，并通过经营者的管理活动转化成生产力，使设备要素得到充分利用和优化配置。企业参与设备技术信息中心的联网可增强适应环境的能力和竞争能力。技术信息中心还可开展技术转让、信息咨询、信息检索服务及信息软件开发。中心应与其他各专业化服务机构、高等院校、企业集团的设备管理库联网并相互发挥效用。

6）发展设备劳务及教育培训中心。该中心一方面通过市场机制调节劳动力供需关系，促进设备人才的合理流动；另一方面开展设备专业人才，尤其是高级设备维修人员的培训工作，促进设备人才整体素质的提高。

（3）技术规范化　设备工程技术现代化主要体现在绿色、智能控制、融合三个方面。

1）绿色。设备制造过程要消耗大量的钢材、有色金属、塑料及辅助材料；设备在运行中要消耗大量能源和各种生产原料；设备生产出产品或半成品后产生大量废料和废气、废水，并造成环境污染。

设备的绿色：一是设备设计、制造、用料要绿色；二是资源消耗环节要加强对重点行业能源、原材料、水等资源消耗管理，努力降低消耗，提高资源利用率：三是废物产生环节要强化污染预防和全过程控制，推动不同行业合理延长产业链，加强对各类废物的循环利用，推进企业废物“零排放”，加快再生水利用设施建设及降低废物最终处置量；四是再生资源产生环节要大力回收和循环利用各种废旧资源，支持废旧机电产品再制造；建立垃圾分类收集和分选系统，不断完善再生资源回收利用体系；五是消费环节要大力倡导有利于节约资源和保护环境的消费方式，鼓励使用能效标志产品、节能节水认证产品和环境标志产品，减少过度包装。

2）智能控制。近年来随着信息技术、监测监控与诊断技术的不断发展，促进了企业设备工程水平日益提高。如通过 ERP、EAM 等管理信息化系统和新开发智能控制的应用来优化设备运行和技术管理的各项流程。

3）融合。当前，世界经济正处于持续调整和快速变革的关键时期，信息化与工业化融合正在加速重构全球工业生产组织体系，不仅为企业创新发展带来了新的机遇，而且为应对资源环境的挑战提供了新的方式。信息化与工业化的整合已经成为发展现代装备制造业的重要途径。

推动装备制造业转型。我国已成为全球具有重要影响的经济体和工业大国，但工业大而不强，结构性矛盾依旧突出。加快构建结构优化、技术先进、清洁安全、附加值高、吸纳就业能力强的现代产业体系，是我国优化经济结构、转变发展方式的根本要求，也是推动信息化和工业化深度整合的主攻方向。

企业是两化整合的主体，是信息技术装备投入的主体、应用的主体及受益的主体。要坚持把增强企业核心竞争力作为两化融合的出发点和落脚点，通过评估规范、政策引导和技术支持，引导培育一批实现信息技术集成应用、具有全球配置资源能力、引领行业发展的行业骨干企业。与此同时，要加快精益制造、设备生命周期管理、协同设计、供应链协同、服务型制造等先进生产管理模式的创新发展。

二、固定资产设备折旧

企业固定资产主要指设备设施、房屋等，企业设备管理部门要做好属于固定资产的机械、动力设备的资产管理，并与企业的使用部门、财务部门互助配合，负责设备资产的验收、编号、更新改造、移装调拨、出租、清查盘点、报废清理等工作。

1. 固定资产与低值易耗品

(1) 企业的固定资产是固定资金的实物形态　生产用固定资产始终全部参加生产过程，并在较长时间内反复执行相同的功能，而其价值则逐渐地、分期地转移到所生产的产品中去，以折旧形式计入产品成本；同时，从产品销售收入中得到补偿，形成折旧基金。当原在固定资产丧失功能而报废时，利用折旧基金（转为更新改造基金）购进或建造新的固定资产。固定资产是指使用一年以上，单位价值在规定标准以上，并在使用过程中保持原来物质形态的资产，包括房屋、建筑物、机器设备、器具、工具等；不属于生产经营主要设备物品，单位价值在2000元以上，并且使用超过两年的也应当作为固定资产。

(2) 凡不具备固定资产条件的劳动资料列为低值易耗品　有些劳动资料具备固定资产的条件，但由于更换频率、性能不够稳定、变动性大、容易损坏或者使用期限不固定等原因，也可以不列作固定资产，如专用工具、夹具、模具、工位器具、简易设备、辅助装置、办公用具、仪器仪表等，一般均作为低值易耗品。固定资产与低值易耗品的具体划分，应由主管部门组织同类型企业制定的固定资产目录确定。

企业对低值易耗品应实行分类归口管理。归口管理部门对分管低值易耗品的采购、自制、入库、保管、发放、监督使用、修理和鉴定报废负责；使用单位对在用低值易耗品的领入、使用、保管、维护和办理报废手续负责；财会部门对低值易耗品的核算，反映并监督合理储备和节约使用负责。

列入低值易耗品管理的简单设备，如砂轮机、台钻、小型风机与水泵等，设备维修管理部门也应建账管理和维修。

2. 固定资金与流动资金

(1) 固定资金　是固定资产的货币表现。它包括垫支于厂房、建筑物、机器设备、运输工具和管理用具等主要劳动资料上的资金，在企业全部经营资金中占有很大的比重，是体现企业生产规模和生产能力的重要标志。企业的固定资金沿着固定资产的购建、价值转移和补偿、新购建的顺序进行循环，固定资金的不断循环，形成固定资金的周转，其周转期较长。

（2）流动资金 是指在企业生产经营活动中供周转使用的、随供产销过程进行的、一次全部转移价值到产品成本中去的资金。它是用于购买资源，如原材料、辅助材料、燃料等，以及支付工资和其他生产费用的资金。企业占用一定数量的流动资金，是企业进行生产经营活动的必要条件。

流动资金按占用形态可分为五大类，即储备资金、生产资金、成品资金、结算与货币资金。按所处领域分为两大类：一是生产领域的流动资金，它包括储备资金和生产资金；二是流通领域的流动资金，它包括成品资金、结算资金和货币资金。按管理方式又可分为定额流动资金和非定额流动资金，如图 4-13 所示。

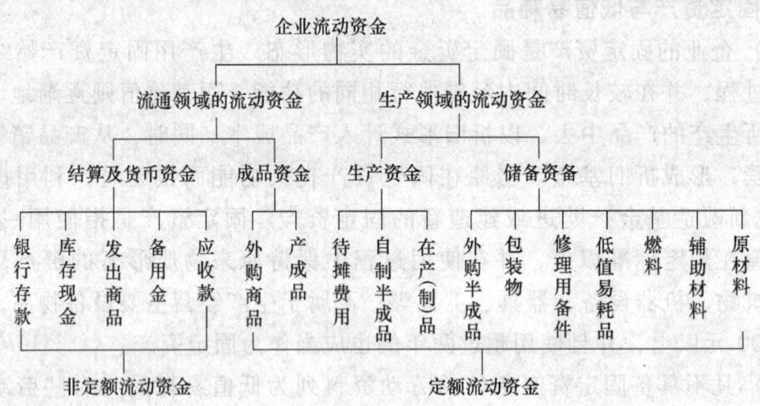

图 4-13 流动资金分类

流动资金管理的目的，是在保证生产经营需要的前提下，尽可能地减少资金占用，不断加速资金周转，提高流动资金的运营效果，从而推动企业经营管理。

3. 固定资产的分类

为了加强固定资产的管理，按财会部门的规定，对固定资产做如下分类。

（1）按经济用途分类 可分为以下两类：①生产用固定资产，它是指直接参加或服务于生产方面在用的固定资产，是企业固定资产的主体；②非生产用固定资产，它是指不直接服务于生产过程，而在企业非生产领域内使用的固定资产，如用于职工住宅与公用事业、文化教育、医疗卫生、科研试验、农副业生产，以及其他非工业生产的固定资产。

这种分类可用于分析各类固定资产在其总量中所占的比重，研究固定资产结构对资金运用效果的影响，对于合理安排固定资产各要素的比例关系、促进技术进步、提高固定资产利用效果和基本建设投资效果，都具有重要意义。

（2）按使用情况分类　可分为以下五类：①使用中的；②未使用的；③不需用的；④封存的；⑤租出的。

这种分类可用于分析固定资产的利用程度，促进企业尽快把未使用的固定资产投入生产，及时处理不需用的固定资产，以提高固定资金的利用率。

（3）按资产所属关系分类　可分为以下四类：①国家固定资产；②企业固定资产；③租入固定资产；④工厂所属集体所有制单位的固定资产。

这种分类可用于分析企业固定资产中的所有制成分与比重。

（4）按资产的结构特征分类　可分为以下六类：①房屋及建筑物；②机械、动力设备；③传导设备；④运输设备；⑤贵重仪器；⑥管理用具及其他。

这种分类便于分工归口管理与实施分类折旧。

4. 固定资金的结构

按固定资产的分类，用固定资产的原值计算各类固定资产占全部固定资金的比重或各类资金的相互比例，形成固定资金的结构。如生产用固定资产占企业全部固定资金的比率，机械、动力设备资产占生产用固定资产的比率，未使用固定资产与使用中的固定资产的比例等。

在我国现行企业财务管理工作中，固定资产结构如图 4-14 所示，供财务会计核算与固定资金的结构分析用。分析固定资金的结构，可以促使改善各类固定资产的配比关系，使资产及早投入生产使用，不需用资产早日得到处理，从而使固定资产得到充分利用，提高固定资金的使用效果。

5. 固定资产设备折旧

（1）固定资产所有权界定　所有权界定是指对企业、单位占有和使用的所属资产依法确认所有权的法律行为。通过所有权界定，划清资产所有权的归属关系纳入资产管理范围。

1）国有资产所有权界定按企业国有资产所有权规定和有关法规执行。

2）对于因情况复杂，一时难以确定其产权关系的资产，可作为“待界定资产”单独登记，在未依法明确所有权归属之前，任何部门、单位和个人均不得擅自处置和转移。

3）对资产界定有争议或发生产权纠纷，由资产管理部门会同有关部门依据国家有关政策、法规进行仲裁。仲裁后如仍不能取得一致意见或对仲裁结果不服的，可按法律程序申请复议，直至由人民法院判决。

（2）固定资产的价值　每台（项）固定的资产价值，通常按原始价值（即原值）和净值同时来表现，在特定的情况下要用重置完全价值来表现。

1）原始价值是指企业在投资建造、购置或其他方式取得某台（项）固定资产所发生的全部支出。企业应根据固定资产取得方式不同来确定原始价值。

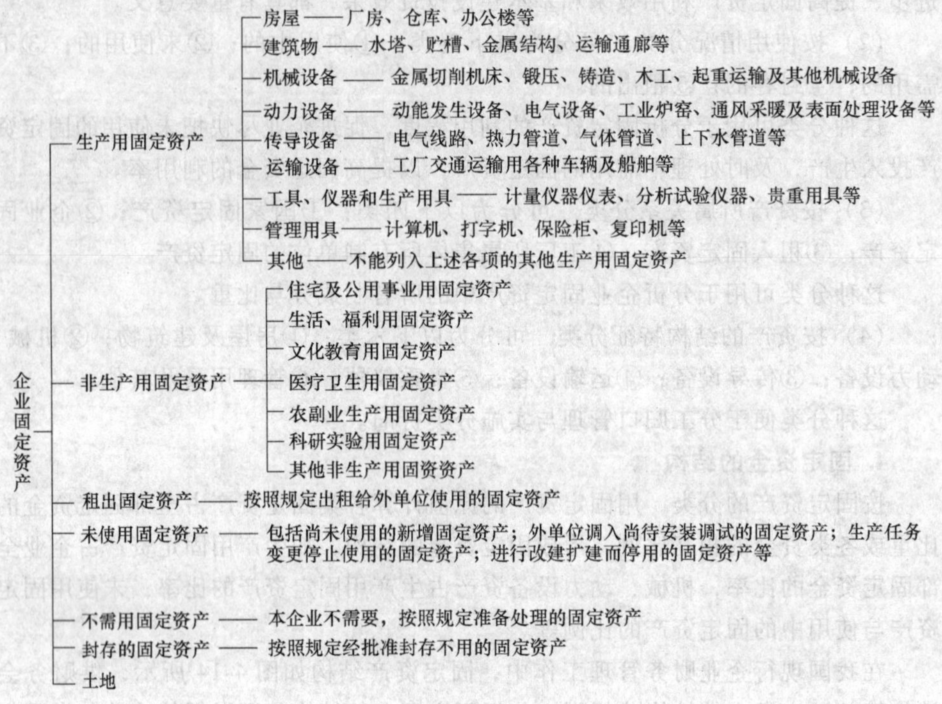

图 4-14 企业固定资产结构

2）净值，又称账面净值，指固定资产的原价减去固定资产累计折旧后的净额，它反映了固定资产的现存账面价值。

3）重置完全价值，又称现行成本或重置成本，指按照当时的市场价格和生产条件下，重新构建同样的全新固定资产所需的全部支出。

（3）固定资产的登记入账 根据工业企业会计制度，企业固定资产应当按下列规定，确定其原值登记入账。

1）购入的固定资产按照实际支付的买价或售出单位的账面原价（扣除原安装成本）、包装费、运杂费和安装成本等记账。

2）自建造的固定资产按照建造过程中实际发生的全部支出记账。

3）其他单位投资转入的固定资产按评估确认或者合同、协议约定的价格记账。

4）融资租入的固定资产按租赁协议确定的设备价格、运输费、途中保险费、安装调试费等支出记账。

5）在原有固定资产基础上进行改建、扩建的固定资产：按原有固定资产账面原价、减去改建、扩建过程中发生的变价收入，加上由于改建、扩建而增加的支出记账。

6）接受捐赠的固定资产按照同类资产的市场价格，或根据所提供的有关凭据记账，接受固定资产时发生的各项费用，应当计入固定资产价值。

7）盘盈的固定资产按重置完全价值记账。

8）企业为取得固定资产而发生的借款利息支出和有关费用，以及外币借款的折合差额，在固定资产尚未交付使用或已投入使用但尚未办理竣工决算前发生的，应当计入固定资产价值；在此之后发生的，应当计入当期损益。

9）已投入使用但尚未办理移交手续的固定资产可先按估计价值记账，待确定实际价值后，再行调整。

10）企业已经入账的固定资产，除发生下列情况外，企业已经入账的固定资产不得任意变动，即①根据国家规定的企业承包、联营、重组、合资、股份制、兼并、破产或清产核资等情况，对固定资产价值重新估价；②增加附属设备和装置或进行技术改造；③将固定资产的一部分拆除；④根据实际价值调整原来暂估的价值。

（4）固定资产折旧　折旧是指固定资产在使用过程中，由于损耗而转移到产品成本或费用的价值。损耗既包括有形损耗，也包括无形损耗。

固定资产的特点之一是在使用寿命期限内，它的服务潜力随着资产的使用逐渐衰竭或消失，固定资产的这一特点决定了企业计提折旧的必要性。由于固定资产在使用过程中会逐渐丧失服务潜力（其原因在于使用中的损耗），所以企业必须在固定资产的有效使用年限内计提一定数额的折旧费用，这不仅是为了使企业在将来有能力重置固定资产，更主要是为了把固定资产的成本分配于各个受益期，实现期间收入与费用的正确配比。从这个意义上说，折旧核算是一个成本分配过程，其目的在于将固定资产的取得成本（若有残值，则为扣除残值后的净值）按系统合理方式，在它的估计有效使用期间内进行摊配。在工业企业中，国家的规定是：

1）计算提取折旧的固定资产有：①房屋和建筑物。②在用的机器设备、仪器仪表、运输车辆、工具器具。③季节性停用和修理停用的设备。④以经营租赁方式租出和固定资产。⑤以融资租赁方式租入的固定资产。

2）不计算提取折旧的固定资产有：①房屋、建筑物除外的未使用、不需用的固定资产。②以经营租赁方式租入的固定资产。③已提足折旧的固定资产，即固定资产已提足折旧后，不管能否继续使用，均不再提取折旧；提前报废的固定资产，也不再补提折旧。提足折旧是指已经提足该项固定资产应提取折旧的总额。④按照规定已提取维持费的固定资产。⑤破产、关停企业的固定资产。

（5）折旧的计算方法　一定时期内，固定资产由于损耗转移到产品中去的价值有多少，很难用技术方法测定，而多借助于计算的方法。

固定资产的折旧方法分为直线法、工作量法、加速折旧法和减速折旧法。在这些方法中又包括诸多的方法，如图4-15所示。

在计算折旧额时，要考虑如下几个因素：

1）固定资产原值。

2）使用年限（或预计产量、工作量）；又称折旧年限，可参考工业企业固定资产分类折旧年限表，见表4-7。为让使用年限的确定尽量与固定资产的预计使用寿命相趋近，应以各行业对各类产品的设计使用年限以及工程技术人员用技术预测的方法所预计的使用年限作为调整折旧年限的基础资料。

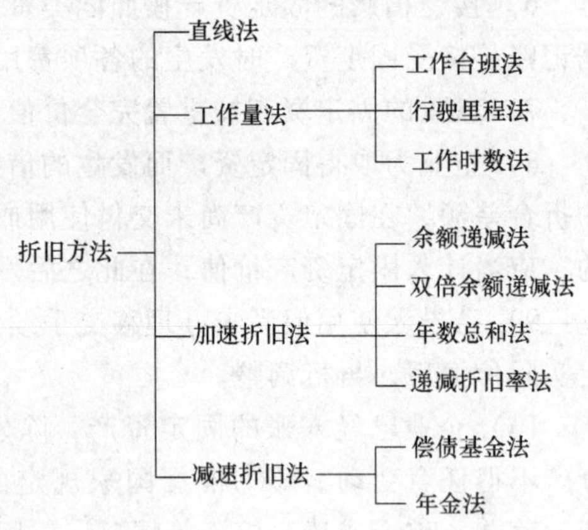

图4-15 固定资产的折旧方法

表4-7 工业企业固定资产分类折旧年限表

通用设备			
分类	折旧年限/年	分类	折旧年限/年
1)机械设备	10~14	6)工业炉窑	7~13
2)动力设备	11~18	7)工具及其他生产用具	9~14
3)传导设备	15~28	8)非生产用设备及器具设备工具 电视机、复印机、文字处理机	5~8
4)运输设备	6~12		
5)自动化控制及仪器仪表			
①自动化、半自动化控制设备	8~12		
②电子计算机	4~10		
③通用测试仪器设备	7~12		

专用设备			
分类	折旧年限/年	分类	折旧年限/年
1)冶金工业专用设备	9~15	6)电子仪表电信工业专用设备	5~10
2)电力工业专用设备		7)建材工业专用设备	6~12
①发电及供热设备	12~20	8)纺织、轻工专用设备	8~14
②输电线路	30~35	9)矿山、煤炭及森工专用设备	7~15
③配电线路	14~16	10)造船工业专用设备	15~22
④变电配电设备	18~22	11)核工业专用设备	20~25
⑤核能发电设备	20~25	12)公用事业企业专用设备	
3)机械工业专用设备	8~12	①自来水	15~25
4)石油工业专用设备	8~14	②燃气	16~25
5)化工、医药工业专用设备	7~14		

（续）

房屋、建筑物			
分类	折旧年限/年	分类	折旧年限/年
1)房屋		2)建筑物	
①生产用房	30~40	①简易用房	8~10
②受腐蚀生产用房	20~25	②水电站大坝	45~55
③受强腐蚀生产用房	10~15	③其他建筑物	15~25
④非生产用房	35~45		

（6）折旧计算

1）直线法　又称平均年限法。该方法假定固定资产的服务潜力随着时间的消逝而减退，因此，固定资产的成本可以均衡地摊于其寿命周期内的各个期间，其计算公式为

$$年折旧额=\frac{固定资产原值-预计净残值}{预计使用年限}$$

$$月折旧额=年折旧额\div 12$$

【案例 4-1】 某风电企业某项固定资产原值为 300000 元，估计残值为 5000 元，估计使用年限 10 年。则有

$$年折旧额=\frac{300000-5000}{10}元=29500元$$

$$月折旧额=29500\div 12元=2458.33元$$

2）工作量法　又称作业量法，是以固定资产的使用状况为依据计算折旧的方法。它假定固定资产的服务潜力随着它的使用程度的增加而减退，因此，固定资产的成本是根据该项固定资产的实际作业量摊配于各个期间的。其计算公式为

$$单位作业量折旧额=\frac{固定资产原值-预计净残值}{预计总作业量}$$

$$各期折旧额=单位作业量折旧额\times 各期实际作业量$$

具体有：

① 工作时数法：按固定资产总工作时数平均计算折旧额的方法，它适用于机械设备，其公式为

$$每工作小时折旧额=\frac{固定资产原值-预计残值}{规定的总工作小时}$$

$$各期折旧额=每工作小时折旧额\times 各期实际工作时数$$

② 工作台班法：按固定资产总工作台班平均计算折旧额的方法，其公式为

$$每台班折旧额=\frac{固定资产原值-预计残值}{规定的总工作台班数}$$

$$各期折旧额=每台班折旧额\times 各期实际工作台班$$

③ 行驶里程法：按固定资产行驶里程平均计算折旧额的方法，其公式为

$$单位里程折旧额=\frac{固定资产原值-预计残值}{规定的总行驶里程}$$

$$各期折旧额=单位里程折旧额\times各期实际行驶里程$$

【案例 4-2】 某风电企业购置一辆新运输车，价值为 800000 元，预计行驶 300000km 预计残值 10000 元，若购置当年行驶了 30000km，则有

$$1\text{km}\ 折旧额=\frac{800000-10000}{300000}元/\text{km}=2.633元/\text{km}$$

$$当年应计提折旧额=30000\times2.633元=78990元$$

3）加速折旧法 又称递减费用法，即固定资产每期计提的折旧数额，在使用初期计提得多，在后期计提得少，从而相对加快折旧速度的一种方法。加速折旧法有多种：

① 年数总和法：年数总和法是将固定的原值减去预计净残值后的余额乘以一个逐年递减的分数，这个分数的分子代表固定资产尚可使用的年数，分母是使和年数的逐年数字总和。如要使用年限为 n 年，年数总和法的分母是：$1+2+3+\cdots+n=n(n+1)/2$，其折旧的基本计算公式为

$$年折旧额=(固定资产原值-估计残值)\times\frac{尚可使用年数}{年数总和}$$

【案例 4-3】 某风电企业一台小型压缩机的原值为 40000 元，预计残值 1000 元，预计使用年限为 5 年，则年数总和 $=1+2+3+4+5=5\times(5+1)/2=15$，年数总和法的计算过程见表 4-8。

表 4-8 用年数总和法计算折旧

年份	原值-残值/元	尚可使用年数/年	折旧率	折旧额/元	累计折旧/元
1	39000	5	5/15	13000	13000
2	39000	4	4/5	10400	23400
3	39000	3	3/15	7800	31200
4	39000	2	2/15	5200	36400
5	39000	1	1/15	2600	39000

② 双倍余额递减法：在采用双倍余额递减法时，是按直线法折旧率的两倍乘以固定资产在每一期间的期初账面净值，得出每期应计提的折旧额，它通常不考虑固定资产残值，其计算公式为

$$年折旧额=期初固定资产账面净值\times双倍直线折旧率$$

其中
$$双倍直线折旧率=2\times\left(\frac{1}{预计使用年限\times100\%}\right)$$

4）加速折旧法的应用：①随着固定资产使用期的推移，它的服务潜力下降了，而修理费用则可能会逐年增加，它所能提供的收益也随之降低，所以根据配

比原则，在固定资产的使用早期多提折旧，而在晚期则少提折旧。②固定资产所能提供的未来收益是难以预计的，早期收益要比晚期收益有把握一些，同时由于货币时间价值的客观存在，期限越长，其贴现率越小，从稳健性原则出发，早期多提而后期少提的方法是合理的。

加速折旧法在西方国家被广泛使用，我国近年来也把加速折旧法从理论开始转向实际应用之中。企业之所以愿意采用加速折旧法，主要是固定资产的有效使用年限和折旧总额并没有改变，变化的只是在投入使用的前期提得多，而在后期提得少。这一变化的结果就使得固定资产使用前期编制的会计报表中的收益相应减少，从而推迟了所得税的交纳，可见企业采用加速折旧法，实质上等于获得了一笔长期无息贷款，这正是加速折旧法在一定条件下能够刺激生产、刺激经济增长的原因之一。

5）分类折旧法和综合折旧法。在实际工作中，为简化计算提取折旧的工作，许多企业以某类固定资产为对象计算提取折旧，或以企业的全部固定资产为对象计算提取折旧，前者为分类折旧法，后者为综合折旧法。

① 分类折旧法，是按照固定资产的类别，把一组性质相似的固定资产集合在一起计算提取折旧的方法，例如，某工具厂的金属切削机床。分类折旧法的计提公式为

$$\text{某类固定资产折旧率}=\frac{\text{按个别折旧率计算的某类固定资产年折旧总额}}{\text{某类固定资产的原值}}\times 100\%$$

$$\text{某类固定资产年折旧额}=\text{某类固定资产原值}\times\text{分类折旧率}$$

② 综合折旧法，是将整个企业的全部应计算提取折旧的固定资产统一计算提取折旧的方法。综合折旧法的公式为

$$\text{综合折旧率}=\frac{\text{按个别折旧率计算的全部固定资产折旧总额}}{\text{全部固定资产的原值总额}}\times 100\%$$

$$\text{年折旧率}=\text{企业全部应计折旧固定资产原值总额}\times\text{综合折旧率}$$

三、设备资产评估

设备价值评估是企业、事业单位固定资产设备产权交易的一种经济活动，它是资产评估的一部分。

资产评估是指对资产价格的评定和估计，它是通过对资产某一时期价值的估算，从而确定其价值（价格）的经济活动。具体地说，资产评估是指由专门机构和人员依据国家的规定和有关资料，根据特定的目的，遵循适用的原则和标准，按照法定的程序，运用科学的方法，对资产进行评定和估价的过程。

资产评估主要由六大要素组成，即资产评估的主体、客体、特定目的、程序、标准和方法。评估的主体指资产评估由谁来承担，它是资产评估工作得以进

行的重要保证；评估的客体是指资产评估的对象，它是对资产评估内容上的界定；评估特定目的是指资产业务发生的经济行为，直接决定资产评估标准和方法的选择；资产评估标准是对评估价值的质的规定，对资产评估方法的选择具有约束性；资产评估方法是确定资产评估价值的手段和途径。

1. 资产评估目的

资产评估的目的是为了正确反映资产价值及其变动，保证资产耗损得到及时的补偿，维护资产所有者和经营者的合法权益，实现资产的优化配置和管理。

2. 资产评估

资产评估对象是指被评估的资产，即资产评估的客体。资产的存在形态分类，资产的存在形态可以分为以下两类。

1）有形资产：指那些具有具体实体形态的资产，包括固定资产、流动资产、其他资产和自然资源等。

2）无形资产：指那些能够长期使用，但没有物质实体存在，而以特殊权利或技术、知识等形式存在，并能为拥有者带来收益的资产。一般可以分为：①可确指的无形资产，如专利权、专用技术（诀窍）、生产许可证、特殊经营权、租赁权、土地使用权、资源勘探和开采权、计算机软件、商标；②不可确指的无形资产，如商誉权。

3. 设备价值评估原则

设备价值评估，应遵循资产评估的基本原则。

（1）评估的基本原则

1）独立性原则。要求设备价值评估摆脱被评估资产各方当事人利益的影响。评估机构是独立的社会公正性机构，评估工作应始终依据国家规定的政策和可靠的数据资料独立进行操作，做出独立的评定。

2）客观性原则。即要从实际出发，认真进行调查研究，在使用客观可靠资料的基础上，采用符合实际的标准和方法，得出合理可信、公正的评估结论。

3）科学性原则。在具体评估过程中，必须根据特定目的，选择适用的标准和科学的方法，制订科学的评估方案，确定合理的评估程序，用资产评估基本原理指导评估操作，使评估结果准确合理。

4）专业性原则。专业性原则要求资产评估机构必须是提供资产评估服务的专业技术机构。

（2）评估的经济原则

1）功效性原则。在评估一项由多个设备或装置构成的整体成套设备资产价值时，必须综合考虑该台（项）设备在整体设备中的重要性，而不是独立地确定该台（项）设备的价值。如评估生产线上的设备，必须考虑该设备在生产线上功能的重要程度。

2）替代原则。在评估时，考虑某一设备的选择性或有无替代性，是评估时的一个重要因素，因为同时（评估基准日）存在几种效能相同的设备时，实际存在的价格有多种，评估时则应考虑最低价格水平。

3）预期原则。设备的价值是基于未来收益的期望值决定的，评估设备资产价值高低，取决于其未来使用性或获利的能力。因此，要求进行设备价值评估时，必须合理预测其未来的获利能力及取得获利能力的有效期限。

4）持续经营原则。评估时，被评估设备需按目前用途和使用方式、规模、频度、环境等情况，继续使用或在有所改变的基础上使用，相应确定评估方法、参数和依据。

5）公开市场原则。设备评估选取的作价依据和评估结论都可以在公开市场存在或成立。公开市场是指一个竞争性的市场，交易各方进行交易的目的在于最大限度地追求经济利益。交易各方掌握必要的市场信息，并具有较为充裕的时间；对评估设备具有必要的专业知识；交易条件公开，并且不具有排他性。在公开市场上形成或成立的价格被称为公允价格。

4. 设备价值评估的特点

设备价值评估具有如下特点：

1）设备资产在企业中占有很大的比重（一般为60%～70%）。因此，设备价值评估在整个资产评估中占有重要地位。

2）设备特别是大型、高精度数控和成套设备比其他固定资产的技术含量高。对这些设备的评估要以技术检测为基础，并参照国内外技术市场价格信息。

3）设备资产在使用过程中，不仅会产生有形磨损，而且还产生无形磨损，对有些设备尤为突出，对此要进行充分调查和技术经济分析。

4）对于连续性作业的生产线设备，其构成单元是不同类型的装置，对此要以单台、单件为评估对象，分类进行，然后汇总，以保证评估的准确性。

5. 委托方准备工作

委托方在办理资产评估委托之前，凡属国有资产的应首先办妥资产评估申请立项工作，经国有资产管理部门批准后，方可委托资产评估机构评估资产，通过项目接洽签订评估委托协议书，确定评估范围、时间安排等。凡需要进行设备资产评估的项目，委托方和评估机构都需要做好各项准备工作，这对评估工作的进度与质量有十分重要的关系。

委托方组织进行设备资产清查，按评估机构提供的表格及填表要求填好表格，见表4-9和表4-10，并提供下列资料与凭证：①设备资产管理及参数的电子文件；②厂区和车间设备平面图和地下管线图；③设备管理历史和现状概要资料；④主要生产工艺流程图；⑤主要设备大修和技术改造竣工决算书（或预算书）；⑥有关设备的统计（年）报表及有关账卡；⑦进口设备的协议、合同、到岸价、关税、运费、安装调试费及其他有关费用资料，以及付款凭证等；⑧有关动力设备和压力容器等特种设备的年度安全鉴定证明及预防性试验报告等资料；⑨运输设备的产权证明及营运证明等。

表 4-9 固定资产设备清查评估明细

评估基准日：　　年　　月　　日　　资产占有单位名称：　　金额单位：元

序号	设备编号	设备名称	规格型号	生产厂家	计量单位	购置日期	启用日期	账面价值		调整后账面值		评估价值			增值率（%）	备注
								原值	净值	原值	净值	原值	成新率（%）	净值		
本页小计																
合计																

资产占有单位填表人：　　评估人员：　　填表日期：　　年　　月　　日

表 4-10 固定资产车辆清查评估明细

评估基准日：　　年　　月　　日　　资产占有单位名称：　　金额单位：元

序号	车辆牌号	车辆名称及规格型号	生产厂家	计量单位	购置日期	启用日期	已行驶里程/km	账面价值		调整后账面值		评估价值			增值率（%）	备注
								原值	净值	原值	净值	原值	成新率（%）	净值		
本页小计																
合计																

资产占用单位填表人：　　评估人员：　　填表日期：　　年　　月　　日

6. 设备价值评估操作程序

从评估机构的角度来看，设备价值评估工作主要有以下程序：

（1）评估准备阶段

1）做好对委托方关于评估的指导工作。

2）分析委托方提供的资料与数据，明确评估思路。

3）有针对性地搜集有关资料，以提高评估效率。

（2）现场工作阶段　这是价值评估的重点阶段。其主要工作任务如下。

1）查明实物，落实评估对象。要尽可能对所有申报评估的设备逐台核实。对数量较多的成批同型号设备可采用抽查法，以落实评估对象。

2）对设备进行技术鉴定。对设备进行技术鉴定通常是要分层次的。首先，应对设备所在的生产系统与环境和生产强度进行评价，对维修力量、技改情况，以及操作人员水平等做出评价，为单台设备的技术鉴定提供背景数据；其次，对单台设备进行鉴定。重点了解掌握：设备的类别和规格型号、制造厂家和出厂日期、主要用途和功能、所用能源和加工精度、设备利用率及运行负荷、设备实际技术状态、设备修理情况及大修周期等。

3）确定设备的成新率。根据对设备宏观技术评价和具体技术鉴定，评估人员应尽可能在工作现场对被评估设备做出成新率判断。

（3）评定估算阶段　这是价值评估的实质阶段。在此期间，一方面要继续搜集所欠缺的数据资料；另一方面要对已搜集的数据资料进行筛选和整理，重点是设备的订货合同、发货票、工程决算书，以及现行设备购置价等数据。对设备产权的确认，要给予特别的重视。另外，还需注意设备抵押、担保和租赁情况，对产权受到某种限制的设备要另行登记造册，单独处理。

在完成上述工作以后，评估人员就可本着客观、公正的原则对设备进行评定估算，估测每台设备的重估价值。

（4）自查总结阶段　由于被评估设备数量多，分布较广，又是分头进行，为了避免出现相同设备在不同场地、不同人员评估，出现不同的评估值，以及重复评估或漏评现象发生，评估机构在设备评定估算工作基本完成后，还要进行自查工作，对设备的估价依据和参数再进行一次全面的核对。在重新核对无误的基础上填写有关表格，编写评估说明或设备评估报告书。

7. 设备价值评估方法

设备价值评估方法有重置成本法，现行市价法和收益现值法。一般采用重置成本法较多，在特定情况下采用现行市价法或其他方法。

（1）重置成本法具体计算　重置成本由于购建的材料、技术不同可分为以下两类：①复原重置成本，指用原资产相同的材料、建造标准、设计结构和技术条件等，以现时价格再购建相同的全新资产所需的成本。②更新重置成本，指用新型材料、新技术标准，以现时价格购建的相同功能的全新资产所需的成本。

重置成本法是指在评估资产时按被评估资产的现时重置价值，再减去实体性贬值、功能性贬值和经济性贬值来确定被评估资产的评估值的方法，用公式表示为

评估价值 = 重置价值 - 实体性贬值 - 功能性贬值 - 经济性贬值

1）实体性贬值。设备的实体性贬值是由于使用磨损和自然损耗形成的贬值。实体性贬值的估算，一般由具有专业知识和丰富经验的工程技术人员，对设备的主要部位进行技术鉴定并综合分析其使用、维护、修理、改造等情况，并考虑物质寿命等因素，将评估对象与全新状态相比较，考虑由于使用磨损和自然损耗对设备的功能、使用效率的影响程度，判断设备的成新率，从而估算实体性贬值。计算公式：

$$设备实体性贬值 = 重置价值 \times (1 - 成新率)$$

$$设备实体性贬值 = \frac{重置价值 - 残值}{预计使用年限} \times 实际已使用年限$$

式中：残值是指被评估资产在清理报废时收回的现金净额；预计使用年限，即综合考虑经济和物质寿命，设备的有效使用的寿命。

2）功能性贬值。功能性贬值是由于技术相对落后造成的贬值。估算功能性贬值时，主要根据设备的效用、生产能力和工耗、物耗、能耗水平等功能方面的差异造成的成本增加和效益降低，相应确定功能性贬值额。同时，还要重视技术进步因素，注意替代设备、替代技术、替代产品的影响，以及行业技术装备水平现状和资产更新换代速度。

以适当的折现率将评估设备在剩余寿命内每年的超额运营成本折现，这些折现值之和就是被评估设备的功能性损耗（贬值）。其计算公式为：

$$被评估设备功能性贬值 = \sum (被评估设备年净超额运营成本 \times 折现系数)$$

应当指出，新老设备的技术性能对比，有生产效率影响制造成本超额支出，还有原材料消耗、能源消耗、燃料消耗及产品质量等指标进行对比计算其功能性贬值。

3）经济性贬值。经济性贬值是由于外部环境变化造成设备贬值。计算经济性贬值时，主要是根据由于产品销售困难而开工不足或停止生产，形成资产的闲置，价值得不到实现等因素，确定其贬值额。评估人员根据具体情况加以分析确定。还有其他一些因素，如竞争增加、通货膨胀、原材料供应变化、利率提高、国家经济政策的影响等。当设备使用基本正常时一般不计算经济性贬值。

综上所述，用重置成本法评估机器设备的基本公式为

$$评估价值 = 重置价值 \times 成新率$$

【案例 4-4】 某风电企业拟以固定资产作为投资与另一企业联营，其中一台自制设备，依据制造时的材料发票、劳务委托、人工费用等资料确定，直接费用合计为 58000 元。其中：材料费用 50000 元；外委费用 3000 元；人工费用 5000 元。另外，间接费用合计为 40 元。

设备评估时无法找到可参照的资产价格。根据设备构成的现行市价，该企业和制造厂家的人工费用标准和车间管理水平等因素进行评定估算，直接费用合计为 99500 元。其中：现行材料价格 80000 元；现行委外费用 4500 元；现行人工费用 15000 元。此外，间接费用（含车间经费）合计为 500 元。所以，自制设备重置成本（合计）为 100000 元（注：实际评估时还要折算其成新率和各类性质的贬值等）。

（2）重置价值　是指被评估资产的原始成本，根据物价变动指数，按现行价格水平计算重置价值。计算公式为

$$重置价值 = 资产原始成本 \times \frac{评估时定基物价指数}{购建时定基物价指数}$$

【案例 4-5】 某风电企业在清产核资时，对一台专用加工设备进行评估，其原值为 55000 元，预计使用年限为 18 年，已使用 14 年。购置时定基物价指数 0.95，评估时定基物价指数 1.60。

$$重置价值 = 55000元 \times \frac{1.60}{0.95} = 92632元$$

注意实际评估时还要折算其成新率和各类性质的贬值等。

（3）成新率的评定　成新率是反映设备的新旧程度，也就是设备的现行价值与其全新状态的重置价值的比率。由于影响成新率的因素较多，它涉及设备的使用、维护和修理、改造等。设备的成新率不仅要由其已使用时间长短所决定，而且要通过现场的勘察和技术鉴定判定现时的设备实际技术状态，综合考虑诸多因素，真实地反映设备的成新率。确定成新率的计算公式为

$$C = \left(1 - \frac{t}{T}\right)K \times 100\%$$

式中，C 为设备成新率；t 为设备已使用年限（并视其利用率情况，经现场验证后，予以修正）；T 为设备预计使用年限（综合考虑物质、经济和技术寿命，并根据现场核实后确定）；K 为设备运行状态（考虑维护保养、工作负荷、工作环境等）调整系数，一般 $K = 0.7 \sim 1$。

式中的各项参数的确定如下。

1）预计使用年限：合理地确定预计使用年限，既要考虑设备有效使用寿命，也要考虑设备使用的经济性，同时还要考虑到设备由于技术进步出现更先进的同类设备而被淘汰。因此确定预计使用年限，不能完全以规定的折旧年限为准，而应根据实际情况和参照有关技术资料，对不同类型设备的可靠性和经济性指标进行综合分析，如设备寿命周期费用、平均无故障工作时间和大修理间隔期等。

2）已使用年限：要根据设备利用率进行合理调整。其计算公式为

$$实际已使用年限 = 名义已使用年限 \times 平均设备利用率调整系数$$

式中，平均设备利用率调整系数，见表 4-11。

表 4-11　平均设备利用率调整系数

平均设备利用率(%)	调整系数	平均设备利用率(%)	调整系数
≤20	0.2 ~ 0.4	>40 ~ 60	0.6 ~ 0.8
>20 ~ 40	0.4 ~ 0.6	>60 ~ 100	>0.8 ~ 1.0

当设备已使用年限超过预计使有年限时，对于基本上能够使用的设备其成新

率≥15%。

3）设备运行状态调整系数：是根据现场对设备工作状态勘察的实际状况评定，见表4-12。

表4-12 设备运行状态调整系数

评定内容	单项数据				权重(%)
维护保养	状况	差	良	优	35
	对应值	0.85 ~ <0.90	0.90 ~ <0.95	0.95 ~ 1.00	
工作负荷	状况	粗加工	半精加工	精加工	35
	对应值	0.8 ~ <1.0	1	>1.0 ~ 1.1	
工作环境	状况	严重腐蚀	烟尘潮湿	正常环境	30
	对应值	0.8	0.9	1	

四、设备管理成本控制

设备管理的过程主要包括设备的选购、安装调试、使用、维修、改造、更新、报废等。设备管理成本是企业中的各种与设备相关支出的综合，主要包括购置费用、维修费用、设备管理人工成本、维修材料费、外来维修费、停工损失、设备运行的水、电、汽的费用等。

企业生产对于设备管理有较高的要求，一方面要保证设备运转的各项技术指标的正常；另一方面要使设备的管理成本保持在较低的水平上。在设备管理工作中必须积极进行成本控制，尽可能达到人与设备资源的合理配置，提高设备利用率，发挥设备投入应用效果。通过对设备的损失实施科学的管理，努力实现"5Z"（零事故、零故障、零缺陷、零库存、零差错）的目标，从而做到最佳的设备综合效率和设备资产保值及增值。

设备管理成本控制具体做法如下。

1. 建立科学的现代设备管理体系

1）建立科学的设备管理体系是现代设备管理理念的核心内容，对设备寿命周期的所有物质运动形态和价值运动形态进行综合管理，成为设备成本控制的有效手段。现代设备管理体系吸收了现代管理科学理论和现代科技成果，应用和发展了故障诊断监测技术和统计推断的管理技术，引入了寿命周期费用等概念，建立以全过程管理、寿命周期管理、预防维修制度为核心的设备管理体系，使设备管理部门从日常维修转变到状态监测上来，使设备管理进入了一个全新的阶段。

2）设备管理制度体系是设备管理体系的基础。可以建立以设备基础管理、运行管理、检修管理、备件管理、能源管理、润滑管理等为主线的设备管理制度体系。

3）实施科学的档案管理是设备管理体系的重要方面。要对其适时进行优化、修订和完善，通过动态管理来确保其科学性和有效性；要了解设备的使用性能，掌握操作要领，实施有针对性的维护和检修方案，充分发挥其潜能；要认真记录设备的性能指标，翔实记录各种备件的更换时间、损坏原因以及检修所需时间、更换周期，这些对计划检修、备件储备都具有重要意义。

2. 强化设备前期管理成本控制

1）设备的前期管理包括设备的选型、购置、安装调试等。设计、选用什么样的设备，对投产后运行的经济效益、设备维修投入起着决定性的作用。设计选型时既要考虑到设备的可靠性、适用性、维修性、安全性等因素，又要考虑到企业实际情况，尽量同原有的设备系列化，只有这样才能为设备后续生产、运行、维护的经济性打下良好的基础。不能单纯追求在设备前期管理中降低投资，从设备寿命周期最经济这个角度看，前期的合理投入有利于降本增效。

2）设备的可维修性是降低维修费用、减少停工损失的重要措施，购置设备时要注重对其可维修性的考察。可以运用价值工程考虑寿命周期成本和使用效益，这是控制设备综合成本的有效办法。因此，在设备购置时，要对设备的购置费用、品质、性能、可维修性、使用维修费用进行综合分析，并考虑其经济效益、产品质量、生产效率等，求得最佳的价值。

3）技术资料是分析故障的依据，是解决问题的前提条件，对设备的后期管理起着重要作用。要力求做到设备的资料完整，重视资料的查收和建档工作。除整理随机带来的技术资料外，还应注意收集包装箱内夹带的资料、各装配件附带的零星的资料，并经认真筛选后归档，近年来企业的进口设备越来越多，强化资料保管建档显得更为重要。

3. 加强设备管理中的全面预算管理

全面预算管理是控制成本的有效措施。通过认真调查与统计分析，科学地制定设备管理的全面预算计划，并将指标层层分解、层层控制，对预算外项目和费用严格监控，层层把关，同时认真进行实绩分析，有效地将费用控制在预算范围内，从而减少设备管理的浪费，降低成本。

4. 做好设备使用维护保养阶段成本控制

1）设备维修是企业设备成本比较明显的部分。要降低维修成本，必须同其他环节的工作相配合，抓好全部各环节的管理。要注意加强设备制造单位和使用部门的横向联系，加强内部各部门人员的协调配合，共同管好设备，以达到设备寿命周期成本最低、综合效率最高的目的。

2）建立设备管理责任制度，完善考核机制，将综合效果与人员的工资收入直接挂钩。设备的正常运转，首要是做好设备的维护保养。谁主管谁负责，操作员工发现问题后及时汇报，采取必要措施防患于未然；同时交接班记录必须翔实客观，交接班时必须对设备进行细致检查，发现问题及时处理，杜绝带病作业，努力保证维修的效果。

3）加强设备的点巡检工作。综合分析故障原因，具体包括：设计不良、操作不良、施工不良、运转不良、点检不良、诊断不良、修理不良等。对策：制造不发生故障的设备、彻底验收试运转设备、正确的运转操作、正确的定期检查、延长设备使用寿命、提高保全信赖性等。

4）加强对设备的故障变化规律的研究。设备的磨损大致可分为初期磨损阶段，正常磨损阶段和剧烈磨损阶段。要在初期磨损阶段爱护使用，在正常磨损阶段精心维护使用，在剧烈磨损阶段前及时修理。

5）预防维修是企业应该首先考虑的维修方式。应根据设备的不同情况，运用预防维修方式，确保设备的正常运行，减少维修费用，如对状态易于监测的故障实施预防维修。对于重点设备重点部位要重点监控，选择经济性的预防维修方式，努力杜绝设备零部件的非正常损坏以及设备事故的发生。

6）加强润滑工作。许多设备故障是由润滑不良引起的，维修人员必须掌握润滑材料的性能及其合理选用，了解设备的润滑特点，避免因管理和使用中的盲目性，引发众多润滑故障，加剧设备磨损、缩短设备的使用寿命，造成较大的经济损失。对选定的代用油品和润滑油添加剂的应用，需进行试运行，若发现问题，应及时采取技术措施，只有在确认润滑效果良好后，方可正式使用。积极推行润滑工作规范化管理，对设备润滑实施定点、定量、定质、定人、定时管理。

5. 加强零部件的修理工作

1）积极推行修理工作，对于确实有修理价值的零件，采用科学的修复技术，进行彻底修理，以备后用。对于更换下来的备件要分类处理，严格评估和总结，不断提高设备修理质量，降低维修成本，提高备件自给自修能力。

2）应当在企业内部建立有效的激励机制，重视技术改进工作，推广科学地应用修复技术，不断提高维修队伍技术创新的积极性，鼓励员工对设备中存在的不合理处进行技术革新与改造，改善设备的工作性能，实现资源的重复利用，不断降低成本。

6. 对设备进行分类管理

根据设备的综合效率，按照重要程度进行分类，对重点设备重点部位进行重点管理。其主要评定要素包括：故障的影响、有无替代设备、开动状况、修理难度、对质量的影响、原值等。通过对以上要素进行综合评分，一般地讲，重点的A类设备约占15%，一般B类约占70%，次要的C类占15%左右。管理人员根据设备的ABC分类，有重点地、有效地实施设备管理与成本控制。

7. 设备成本控制的全员管理

设备管理中的成本控制不能仅靠设备部门，而是要依靠企业的全体人员。通过完善岗位责任制，将设备成本控制工作建立在广泛的群众基础上。要充分调动各环节职能部门的积极性，正确处理部门间的利益矛盾，特别是操作人员的积极性和主动性，有效地解决设备运行中的各种问题，提高设备管理效率，降低设备管理成本。

8. 建立有效的设备管理与成本控制评估体系

构建符合实际情况的设备控制指标评估体系，真实有效地反映设备的投入产出情况和设备对于企业市场竞争的贡献能力。

1）要建立真正反映设备运用状况的设备统计指标，准确反映设备的待机时间、开机时间、故障时间、有效工作时间，以及设备和生产效率、生产量。

2）要建立设备技术状况评价指标，包括设备完好率、故障率、可利用率。

3）建立设备维修管理评价指标，包括设备维修时间、维修次数、维修人员工时利用率与维修质量等。

4）建立以追求设备寿命周期费用最低为目的的设备寿命周期费用统计与评价指标，对设备成本进行统计分析。

5）建立设备安全性、环保性评价指标，包括设备诱发事故次数、综合安全性评价、排污与噪声等环保指标。

9. 加大设备管理与技术创新力度

管理创新和技术创新是推动设备不断进步的重要途径，也是降低设备管理成本的有效手段。现代化的设备管理重点在“管”而不在“修”，设备管理要以效益最大化为原则。

1）创新管理方法和管理手段，要将从传统的事后维修到实行点检定修制和对主体设备推行“零故障”管理，从忽视质量管理到改进和强化设备的质量管理，特别是备件和检修质量的严格控制，从质量体系的认证到“一体化”管理体系运行等的理念融入设备管理全过程。

2）重视设备技术创新。技术创新是设备管理现代化的前提条件，通过技术创新，可以提升设备装备水平，取得良好的经济效益。

10. 更新观念、提高员工设备成本控制意识

1）企业成本与经验呈反比关系，经验越丰富，企业成本降低的可能性越大。建立学习型组织，可以降低成本和提高效益。通过平时对员工深入浅出的专业培训，并且创造机会让他们把这些理论知识运用到生产实践中去，对他们进行不定期的测试考核，并与员工的经济利益相结合，从而促进员工学习、理解、掌握和运用所学理论解决实际问题，通过反复地培训、实践、考核，逐步提高员工实施成本控制的业务水平，全面提升设备管理的整体水平。

2）要从培训和引导两个环节入手，通过建立健全员工上岗培训机制和开展全员参与的岗位技能培训，提升员工的自主维修能力和综合素质。通过组织现场观摩、征集成果论文、举办展示板巡展活动、在基层班组播放录像片、开展班前5分钟学习，以及举办研讨会、座谈会、总结表彰会等多种形式的宣传和舆论引导工作，使广大员工对设备管理与成本控制工作在思想上达成共识，并积极参与其中。

3）优秀的企业文化，可以提高企业的学习能力，指导企业员工的行为。企业文化应当是企业员工共同的追求、价值理念和思想行为准则，对于员工的生产经营观念、凝聚力、忠诚度、自我控制、成本意识等具有很大的影响。一个具有优秀文化的企业。其员工必然具有良好的节约习惯和强烈的主人翁精神，能自觉维护企业的各项规章制度，奋发向上、积极进取，自觉提高业务素质和工作效率，降低劳动消耗。

设备成本的控制不是简单地限制各种支出，而是运用科学的管理理念，按照经济规律的要求，从管理的不同方面主动地去降低成本。只有掌握设备管理和成本控制的主动权，不断优化工作程序，才能促进员工、设备、管理等要素的和谐共存，才能促进企业的不断发展。

第五章　风力发电设备故障诊断

风力发电机组是由机械和电气两大综合系统组成，因此风力机组故障诊断是比较复杂的综合性课题，既涉及机械系统故障诊断又会涉及电气系统故障诊断，而开展风力发电机组故障诊断的主要作用是确保风力机组安全可靠、高效、经济运行。

第一节　故障诊断技术

设备故障诊断技术是人们从医学中吸取其诊断思想而发展起来的状态识别技术，即通过对设备故障的信息载体及各种性能指标的监测与分析，并查明产生故障的部位和原因，或预测、预报有关设备异常、劣化或故障的趋势，因而选出相应的诊断技术。

设备故障诊断技术已渗透到设备的设计、制造和使用等各个阶段，并使设备的寿命周期费用达到最经济，并不断提高风力机运行可靠性、维修性，减少停机时间，从而大幅度地提高生产率及创造社会和经济效益。

一、诊断技术功能

设备诊断技术具有两种功能：一是设备不解体或在运行状态下，能定量地诊断和评定设备所承受的应力、劣化及故障，以及强度和性能；二是能够预测其可靠性，确定正常运行的周期和消除异常的方法。所以设备的状态监测和故障诊断技术，将从单纯的故障排除，发展到以系统工程的观点来衡量。它应从设备的设计开始，直到制造、安装、运转、维护保养到报废的全过程。

由于我国风力机诊断技术刚起步，加上近年来风电行业持续发展，风力机类型和数量，特别是进口风力机数量均有很大增加，迫切需要大力开发和应用设备诊断技术，以满足风力机安全可靠、高效运行的要求。

二、故障诊断技术发展

1）设备故障状态的识别包括两个基本组成部分：一是由风电场作业人员实施简单的状态诊断；二是由专门人员实施精密诊断，即对在简易诊断中查出来的故障，常常还要进一步开展精密诊断，以便确定故障的类型，了解故障产生的原因；预估故障的危害程度，预测其发展；确定消除故障、恢复风力机正常运行的对策。

2）设备的简易诊断和精密诊断是普及和提高的关系，风力机诊断技术实施中的两个阶段如图 5-1 所示。所以故障诊断，不仅需要具体的测试和分析，还要运用应力定量技术，故障检测及分析技术强度、性能定量技术等，精密诊断的功能如图 5-2 所示。

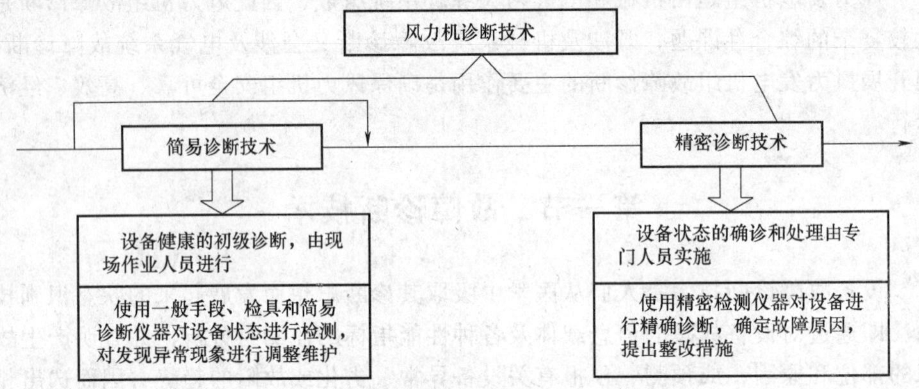

图 5-1　风力机诊断技术实施中的两个阶段

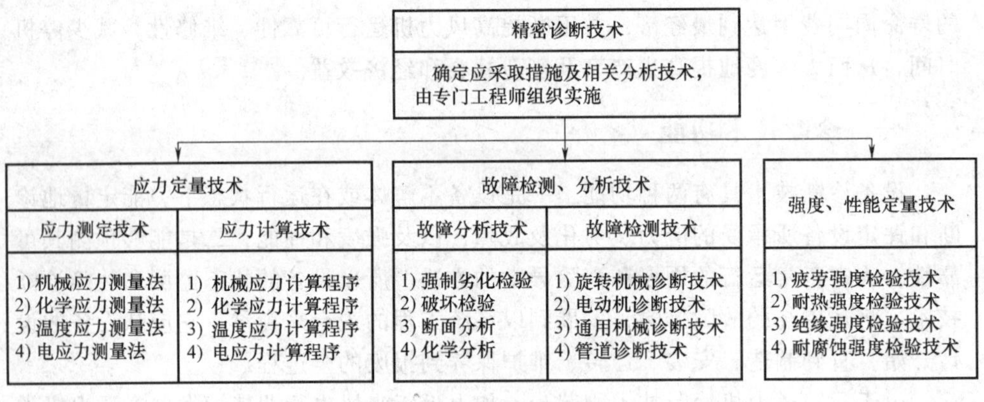

图 5-2　精密诊断的功能

3）通过风力机诊断技术开发和应用，就是要实现风力机全生命周期的寿命周期费用最经济，图 5-3 为风力机全寿命周期诊断技术的应用。

4）故障诊断的实施

① 故障诊断方法。各种先进工艺在设备故障诊断技术中都找到了用武之地，如振动监测、声响监测、温度监测、油样分析、应力应变分析、声发射技术、红外测温技术、铁谱和光谱分析技术、泄漏检测、腐蚀监测等；又如裂纹检测、无损检测、厚度测量等也都成为风力机故障诊断技术中各具特色的方法。通过不断

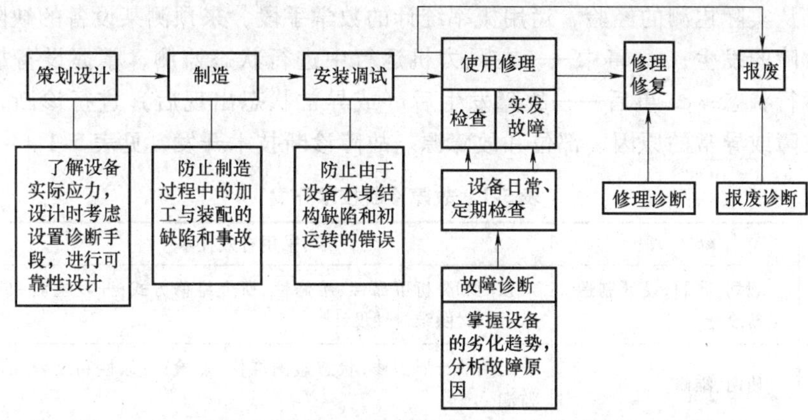

图 5-3　风力机全寿命周期诊断技术的应用

对诊断装置的开发研制，建立起了人工智能、专家系统。

② 诊断过程。设备诊断技术是识别风力机运行状态的技术，也是风力机运行状态的变化在诊断信息中的反映。其内容包括对风力机运行状态的识别、状态监测和预报三个方面。风力机故障诊断过程如图 5-4 所示。

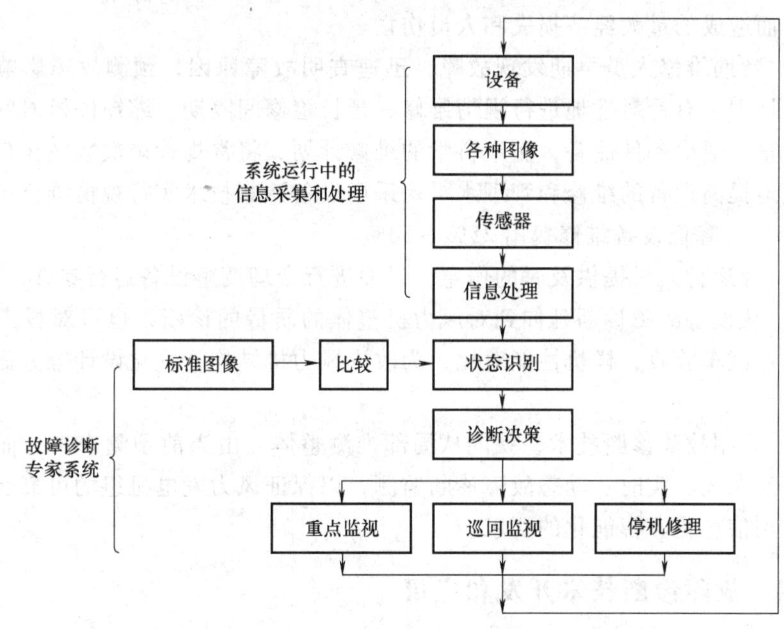

图 5-4　风力机故障诊断过程

③ 故障诊断核心。故障诊断核心是比较的过程，即将未知的设备运行状态与预知的设备标准运行状态进行比较的过程。设备故障诊断核心过程可分成三个阶段，即：a. 事前——风力机开动前（或故障发生前），根据某一特定的风力机

状态，从实际检测的经验，运用概率统计的数学手段，来预测某设备的缺陷、异常或故障的发生；b. 事中——在风力机运行中进行状态监测，掌握设备故障萌芽前运行状态；c. 事后——故障发生后（或异常状态出现后）进行诊断，确定设备故障或异常的原因、部位和故障源。故障诊断技术开发，见表5-1。

表5-1 故障诊断技术开发

时期	阶段	采用有效技术
事前	规划、研制、设计制造、更新改造	预测和分析可靠性、维修性；研究维修方式；开发检测和诊断技术：可靠性、维修性设计
事中	使用、维修	定期的计划预修；状态监测维修；点检；可靠性和维修性的长期监测
事后	使用、维修、试验、报废	分析故障和异常的原因：计算可靠性、维修性的极限值；故障分析

三、故障诊断目标

风力机开展故障诊断技术目标如下。

1）可以减少或避免由于外部条件或导致风力机组突然停止运转及突发恶性事故，而造成的重大经济损失和人员伤亡。

2）帮助维修人员早期发现故障，迅速查明故障原因，预测故障影响，从而实现有计划、有针对性地进行视情维修，延长检修间隔期，缩短停机时间，提高修理质量，减少备件储备，制定科学的维修计划，将常规检修次数减至最少，最大限度地提高设备的维修和管理水平。采用设备诊断技术实行视情维修可减少事故率75%，降低设备维修费用25%~50%。

3）为运行人员提供及时的信息，以便进行合理调整设备运行参数。

4）从设备故障诊断延伸到对风力机整体的质量的诊断，也可对投产前的风力机进行试车验收，样机性能对比，为改进风力机结构，优化设计等方面发挥更重要作用。

5）采用故障诊断技术，就能从局部推测整体、由当前预测未来，而推进实现设备的在线、实时、动态故障诊断监测，以保证风力发电机组的可靠运转，特别是达到信息化、智能化的要求。

四、故障诊断技术开发和应用

随着我国风电行业发展，引进机组功率更大的风力机，风力场逐步从陆上到海上，都迫切要求采用更先进而实用故障诊断技术，以便发挥最大的经济效益。这样，促进了风力机故障诊断技术迅速发展，并应用越来越广泛，风力机故障诊断技术和应用见表5-2。

表 5-2　风力机故障诊断技术开发和应用

方法	停机/不停机	故障部位	应用方法
1. 目观	不停机 停机	限于外表面	包括很多特定的方法，广泛用于发动机的定期轮回检查
2. 温度监测	不停机	外表面或内部	从直读的温度计到红外扫描仪
3. 润滑液监测	不停机	润滑系统的所有部位，通过磁性栓、过滤器或油样等	光谱和铁谱分析装置可用来测定其中元素成分
4. 漏泄检查	停及不停	承压零件	利用仪器仪表采用特定方法监测
5. 裂缝检查 ①染色法	停及不停	①在清洁表面上	①能查出表面出现的裂缝
②磁力线法		②靠近清洁光滑的表面	②限于磁性材料，对裂缝取向敏感
③电阻法		③在清洁光滑表面上	③对裂缝取向敏感，可查出裂缝深度
④涡流法		④靠近表面，但探极和表面的过于接近对监测结果有影响	④可查出多种形式的材料不连续性，如裂缝、杂质、硬度变化等
⑤超声法		⑤有清洁光滑的表面	⑤对方向性敏感，作业时间长，通常可作为其他诊断技术辅助手段
6. 腐蚀监测 ①腐蚀检测仪	不停机	管内及容器内(包括设备内外表面)	①能查出 1μm 的腐蚀厚度
②极化电阻及腐蚀电位			②能测出有无腐蚀现象
③氢探极			③氢气扩散入薄壁探极管内，可检测出腐蚀厚度
④探极指示孔			④能测出腐蚀量

五、风力机故障诊断监测

1. 故障监测任务

(1) 信号采集　在设备劣化或发生故障后，会伴随各种状态信号出现，风力机是故障信息的载体。所以，采集包含异常或故障信息的状态信号是故障诊断技术的首要环节，来自风力机各种传感器的信号十分重要。

（2）信息处理　在采集设备有用信息的时候，很多干扰信号也会被采集，会使那些有用信号变得不明显或杂乱无章。如何去除干扰，使有用信号突出表现出来，这就是信息处理的任务。

（3）故障识别　在得到了有用的设备信息后，需要经过与标准或样板模式进行对比，才能确定或判断风力机处于何种状态。在简易诊断中可以参照某些标准，加上运用已有的知识和经验，即可作出判断。当遇到比较复杂的故障时需要使用专业工具或软件进行分析。

（4）预报技术　主要是对风力机故障的发展趋势和剩余寿命进行预报，这对避免设备事故和减少损失是非常有意义的。目前实际风力发电机运行的故障预报技术还处于研发阶段。

2. 风力机故障监测方式

（1）连续监测　也称在线监测，以数据采集和计算机分析技术，包括远程故障诊断系统为手段的精密诊断。优点是信息收集比较全面，分析手段丰富，且准确性较高。缺点是设备投资较高，操作人员需要较高的理论基础。

（2）定期监测　按照确定的时间间隔进行定期监测，一般以简单小型便携式检测仪器为手段，属于简易诊断。优点是设备简单、投资较小，操作简便。缺点是信息收集和分析相对简单。

（3）故障监测　以人员巡回检查为基础，感官发现设备运行异常时，对设备进行测试和分析，以查找故障原因为手段。由于检测仪器的硬件技术的发展，基本抛弃了传统的定期状态监测方法，目前较为常用的技术手段介于精密诊断和简易诊断之间，适合于小型机组的诊断分析，对大型机组尤其是滑动轴承的机组存在明显的不足。

3. 风力机一般监测技术

包括振动分析技术、噪声监测技术、温度监测技术和应力应变监测技术。

第二节　仪器仪表检测技术

故障诊断技术应用是对设备的信息载体或伴随着设备运行的各种性能指标的变化状态进行监测、记录，如温度、压力、振动、噪声、润滑油等，并对记录的数据资料进行科学分析，进而了解运行设备当时的技术状态，查明设备运行发生异常现象的部位和原因，或预报、预测有关设备异常、劣化或故障趋势，并做出相应对策。

随着风电行业不断发展，故障诊断技术也在不断开发和应用，未来故障诊断技术主要从仪器仪表检测技术、智能工业监测技术、远程故障诊断及预测技术三个方面在风电行业得到不断发展。

一、仪器仪表在故障诊断检测技术中发挥作用

近年来，国内市场出现了各种规格、各种功能、各种精度的专业或综合的监测检验仪器仪表和组合系统，为风力机设备在线或离线监测、监控设备状态提供了良好的服务。

1. 监测检验仪器仪表一般可分为多功能仪器仪表、产品组合仪表，以及专业仪器仪表等。多功能仪器仪表是集冲击脉冲、振动分析、数据采集、趋势分析于一身的多功能分析仪表，可以进行温度测量、转速测量。通过触摸式屏幕显示，简单按键操作，使用方便。产品组合仪表是针对风力机组的关键零部件专门进行监测检验的组合仪表。包括轴承分析仪、戴纳检测仪、发电机在线综合检测仪、电缆测试仪、电路板检测仪等。专业仪器仪表包括振动类，如测振仪、现场动平衡仪等。

2. 从温度、压力、振动、油液四方面来分析，风力机组在监测检验中应用温度、压力方面仪器仪表比较成熟，应用范围比较广，并取得一定成效；近几年在应用振动方面仪器仪表数量增长幅度很快，应用范围越来越扩大，并取得显著效果；油液方面仪器仪表应用数量还较少，主要是设备的油液取样后，要专门送油液化验室进行化验，这些检测数据不能及时送到现场对设备进行调整和处理。

3. 近年来，我国各风电场在监测检验中应用仪器仪表已取得一定效果，在温度、压力、振动、油液主要四大方面形成完整仪器仪表应用上逐步形成体系；开展仪器仪表检测技术与设备状态监控有机结合已有明显成效，初步建立在线监测系统等。通过仪器仪表检测技术开发和应用，根据监测检验获取信息，确保风力机在故障或事故来临前立即停机，并及时有效处理恢复风力机运行，提高对风力机运行现场分析能力，自动有效调整参数，确保达到最佳效率运行。

二、主要仪器仪表不断开发和应用

今后仪器仪表的开发和应用，主要在高精度、智能化、集成化等方面。

1. 多功能仪器仪表

通过四个方面不断开发和应用，如图 5-5 所示。

1）通过应用冲击脉冲技术不断深入和开发对设备传动部件监测，提供了设备传动运行中表面和润滑状态的精确信息、采用专用的冲击脉冲传感器，通过硬件和软件的共同作用，所获得的信号被放大 5～7 倍。从而直接了解运行轴承技术状态。通过冲击脉冲传感器采用独特的机械滤波（32kHz），从而可以检测出不平衡、不对中、松动等低频信号，确保不受其他振动信号的影响，分清是齿轮问题还是轴承问题。

2）不断提高可靠的振动分析功能，检测设备主轴振动速度、加速度和位移，并将最新标准所有指定的设备等级和报警限值均在菜单之中。

3）通过采用精确轴对中模块，运用独特的线扫描激光技术，进行监测设备的水平和垂直方向对中；采用动平衡模块，检测单面或双面转子平衡，操作更加容易；今后将通过起停设备分析与捶击试验，从而展示设备结构振动特征、共振频率和临界速率等参数。

4）今后将尽可容纳生产设备的运行状况所有数据；通过查看设备当前技术状态，图解评估设备具备多种功能。

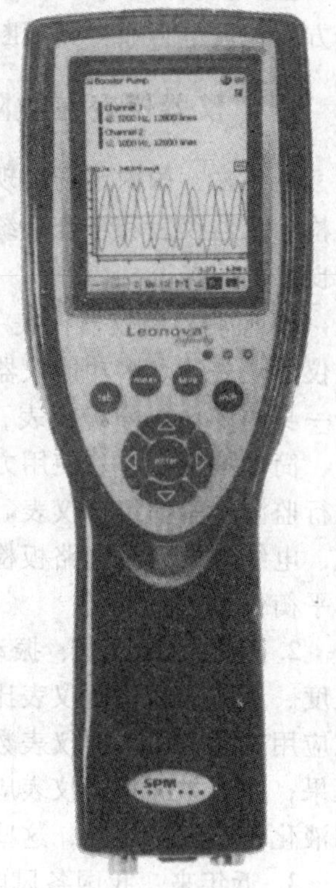

图 5-5　多功能分析仪

2. 产品组合仪表

1）轴承分析仪今后将采用冲击脉冲技术，用冲击脉冲能量的 dBm/dBc 指标来描述，定性、定量判定轴承运行状态。根据取得的值，构成不同的模态，分析轴承异常运行的原因，如缺油、磨损缺陷等，如图 5-6 所示。

2）发电机在线综合检测仪今后将通过应用新一代电气信号分析（ESA）技术成果，不断开发：①自动识别转速与极频、软件自动确认转子条与定子槽隙数目。②输入轴承型号，软件即可自动确认轴承故障。③自动确认静态与动态磁偏心。④智能检测：发电机转子故障分析、发电机转子气隙与磁偏心分析、发电机定子分析、耦合与负载机械特性诊断（对中、平衡、轴承松动等）。⑤开发谐波与功率分析；自动分析得出结论，并打印报告。

3）电缆测试仪（图 5-7）主要功能如下：①探测电缆开路和短路。②内置常用电缆传播速度值不断增强。③利用音频发生器识别跟踪定位电缆。④增加功能：对污染和潮湿环境进行老化测试和阻性电缆故障定位。⑤识别通信电缆的连接和长度，自动范围标尺。

4）电路板检测仪（图 5-8）主要功能如下：①无须联机检测环境，直接测试电路板上元器件好坏，检修各类电子电路板。②提高逻辑器件在线、离线功能测试精度，存储器在线、离线功能测试精度。③开发运算放大器在线、离线功能测试，光耦在线功能诊断、离线性能测试，三端元器件功能测试。

3. 专业仪器仪表

（1）测振仪　如图 5-9 所示，其主要功能如下。

图 5-6 轴承分析仪

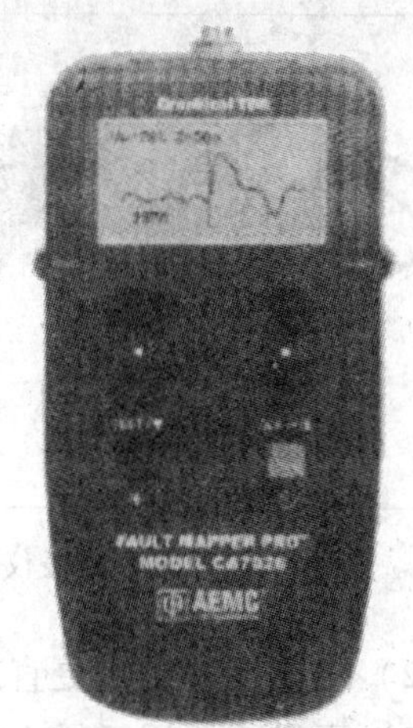

图 5-7 电缆测试仪

1）开发可测量振动位移、速度、加速度、高频加速度四种参数。

2）选择加强型耳机，可以屏蔽外部噪声，确保只能监听到测试中的设备信号。

（2）现场动平衡仪 如图 5-10 所示，其主要功能如下。

1）在原始安装状态下可直接在设备上进行测定平衡，具有单面、双面平衡能力，可适用于各类转子的现场平衡。

图 5-8 电路板检测仪

2）采用两种转速相位输入模式（光电型或直接取自系统电涡流转速信号）和两种振动幅值输入模式，即仪器直接测量加速度传感器或直接读取设备自身存在的涡流位移信号，极大方便了现场使用。

3）为适应现场需要，仪器增加多种平衡计算选择最佳方法，如已知影响系数法等，进行一次停机，直接配重，减少了起停机次数，提高现场实际操作效率。

4）仪器开发直接测取设备振动的频谱值，从而为正确判定设备振动原因提供科学依据。

5）仪器具备多种环境应用可靠，并能交互按键式操作等。

（3）三点激光寻点型测温仪 主要功能如下。

1）采用新一代激光红外测温技术发射三点寻测激光，明确圈定测试目标，更适合中远距离小目标测试，如图 5-11 所示。

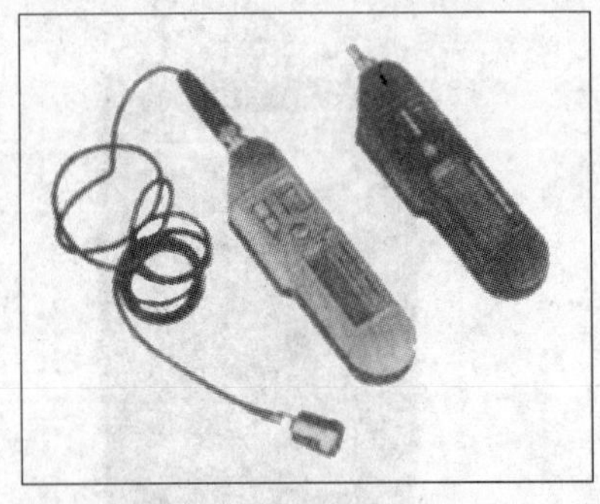

图 5-9 袖珍测振仪

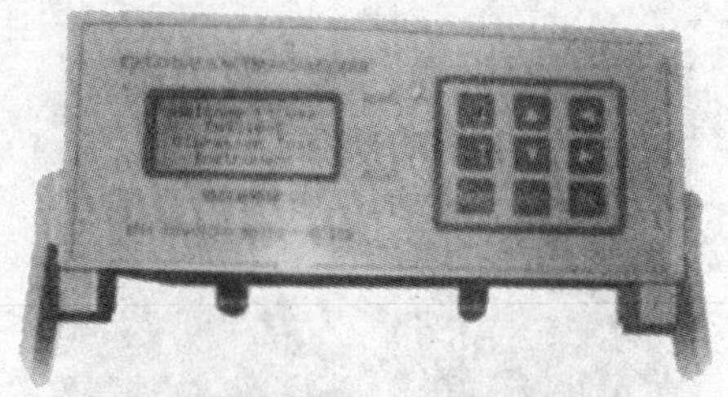

图 5-10 经济型现场动平衡仪

2）使温度变化量更直观地反映出来。

3）更能广泛用于风力机预知维修，也可用安全监测等。

（4）红外热像仪　监测检验设备运行温度的专门仪器，也可用于电气系统安全性热源预查，防止电气设备发热导致的灾难性火灾发生。同时也可对风电场各开关盘柜进行系统的安全管理，确保风电场电气设备的安全，如图 5-12 所示。

图 5-11 三点激光寻点型测温仪

其主要功能如下：

1）通过采用热像仪技术在设备监测检验工作执行中具有更广泛的基础，以推进风力机组安全运行。

2）通过采用革命性红外探测器技术，提供更清晰的彩色热像图像。

3）加大内置存储卡存储图片，不仅提供彩色热像图，还应直接读取目标点的温度值。

4）提高电气安全及设备监测检验功能，有点分析、面分析、线分析，有网格分析、测点数据库、柱状图分析。

5）进一步开发树状文件格式，以完成对设备热像诊断跟踪管理。

6）强化提高检查功能：①检查电气设备，如变压器、刀开关、发电机、控制柜等运行状况。②检查各接头、线路运行状况。

（5）超声检测仪　利用超声检测技术能够快速便捷、无损伤、精确地进行设备工件内部多种缺陷，如裂纹、焊缝、气孔、砂眼、夹杂、折叠等的检测及定位，广泛应用于风电场的风力发电机组监测检验。主要功能如下：

1）高精度定量、定位，满足了较近和较远距离检测的要求。

2）满足了各种零部件检测的要求。

3）利用直探头锻件检测，找准缺陷具体位置。

4）提高自动校准功能，自动显示缺陷回波位置。

5）自由切换三种标尺（深度 d、水平 p、距离 s）；自动录制检测（探伤）过程并可以进行动态回放。

6）提高自动增益、回波包络及峰值记忆功能，进一步提高了检测效率及自动搜索效率，并避免了人为因素造成的漏检。

7）检测参数可自动测试或预置。

8）提高 B 扫描功能，清晰显示缺陷纵断面形状；建立与计算机通信，实现计算机数据管理，并可导出 Excel 格式、A4 纸张的检测报告；进行实时检测日期、时间的跟踪记录并存储。

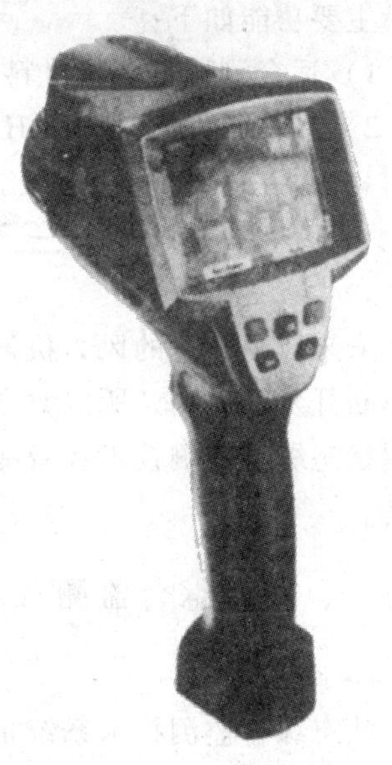

图 5-12　加强型红外热像仪

9）利用高性能安全环保锂电池供电，可延长连续工作时间。

（6）激光转速表　具有多种转速测量功能，可分别进行转速、线速等测量的仪器，如图 5-13 所示。主要功能如下：

1）利用激光红亮光点，提高非接触式测量距离，这对于接近测量有危险和难进入的场合，大大提高检测效率。

2）利用高端接触式探头，可实现转速，线速的接触式测量。

（7）小型硬度计　一种小巧、灵便的硬度测试仪器，已广泛应用于各行业，如图 5-14 所示。

图 5-13　激光转速表

图 5-14　袖珍型硬度计

主要功能如下：

1）适合测试更多种材料。

2）创造条件实时显示 HL、HV、HRB、HRC 和 HSD 等各种硬度测试值。

第三节 智能工业监测技术

未来风电行业的风力机设备越来越大型化、复杂化，随着智能化和自动化技术不断开发和应用，所以对全面掌握风力发电机组的技术状况越来越迫切，通过应用状态综合监测技术和智能工业监测技术，为加强风电场设备管理具有开拓性意义。

一、状态综合监测技术系统

1. 作用

状态综合监测技术系统是可以对设备进行状态管理，通过对风力机运行状态数据进行实践分析，制定合理维护修理方案，特别对远程监控风力机能发挥更大作用。

状态综合监测系统通过在设备本体安装加速度传感器和转速传感器对设备振动和转速信号进行实时监控，并通过在线监测站对数据进行处理后传送至数据库服务器。设备工程师、设备管理人员对设备进行状态管理、状态分析与设备检修、维护等工作，设备管理高端中心可远程对风力机状态数据进行实时的浏览和分析，制订科学的设备维修计划、下达指令，并进行设备维修情况的及时跟踪等。

2. 功能

状态综合监测技术系统，通过在线监测的方式实现对风力机设备主轴、两级行星齿轮减速器、发电机、塔体等设备状态的实时受控，并接入机组现有的以维修为核心的重要监测数据，形成完整的设备状态全息图，提供给风电企业的设备运行管理专业解决方案，为风电企业进行设备验收、设备运行维护、设备状态维修、提高设备使用寿命奠定了良好基础：为风电企业降低运营成本，提升竞争力带来支持。

3. 发展优势

状态综合监测技术系统提供了以设备维修决策管理为核心的完整设备状态信息，将拥有强大的报警体系和诊断分析工具，多层次设备管理人员可以在系统提供的合理流程化的平台上共同作业，也为高级诊断专家提供了远程诊断的窗口，可以高效率的解决设备维修决策问题。状态综合监测系统的优势有：

1）通过 B/S 结构使得企业设备管理层能及时、直观地了解各风电场设备运行状态，实现状态维修和定期维修方案制定，进行设备维修决策管理，降低运营成本。

2）将有效解决因风场分散，设备点检困难、运行周期长，数据采集困难、维修难度大等情况。

3）为风机组维修验收提供了专业的手段，为风电设备长期安全稳定运行提供良好的基础。

4）状态综合监测系统将全面收集到连续、完整的设备状态信息，形成企业自有的知识库，使得从制造、安装、运行维护、维修设备的全生命周期管理将取得明显效果。

5）针对风机组信号特点具备了智能化报警功能，有效解决了容易出现设备故障的误报和漏报的问题。

6）由于具备强大的分析工具，提供了常见故障的分析方法，针对容易发生故障的齿轮、轴承和电机电气等提供了专门的分析方法。

7）提供远程服务支持。

二、智能工业监测技术

1. 发展趋势

1）近年来随着信息技术不断发展，为智能工业监测技术的应用不断扩大，有力促进了风电企业设备监测水平日益提高，具体表现为：①通过 EPR、EAM 等管理信息化系统的应用来优化设备智能监测的各项流程。②通过实施状态维修对设备监测管理体制进行创新。③越来越多地采用智能工业监测技术来管理企业生产设备。

2）智能工业监测推动设备管理升级。风电企业的生产设备不仅本身价值越来越高，而且其维护费用占据了企业费用的比重也越来越大，对企业生产设备实施智能工业监测，实现设备状态的自动监测、自动报警及智能辅助诊断，可以最有效地实现设备状态受控，在人员分流和费用减少的情况下保证设备的高效运行，为企业带来以下益处：①实现重要设备的状态预知维修，延长设备检修间隔时间。②设备运行可靠安全，减少人为带来的安全风险。③智能点检与 EAM 的结合推动了设备工程技术管理的真正升级，促进了向智能维修、优化检修的方向转变。

2. 研发方向

1）当前风电企业智能工业监测技术，主要从智能采集、智能分析、智能报警三个方向进行研发，具体如下：①应用设备信息化技术优化设备管理各个流程，使设备运行负荷、效率等在最佳范围内。②开发和实施现场风力机运行趋势预测及故障预测预估，使操作人员及时进行运行参数调整。③建立设备状态全息图。

2）今后风电企业智能工业监测技术，主要将逐步延伸到智能感知、智能服务两个方向进行研发，具体内容如下：

① 大力发展及应用服务状态感知技术。

② 大力发展及应用设备智能服务技术。

③ 大力发展到生产流程智能服务技术。

3）未来智能工业监测技术将重点围绕在建立大型在线智能工业监测站等方面展开。针对企业建立大型在线智能工业监测站推出的实时在线监测解决方案，实现对设备振动信号的多通道等转速采集，以及温度、电流等工艺量信号的同步监测。

大型在线智能工业监测站可同时接入多路振动量、多路工艺量、多路转速量信号等。其特点如下：

① 可靠性高。全集成结构，针对在线监测的需求而量身定做的硬件，采用多种综合结构，集信号调理、电源、数据处理和通信于一个箱体内，这样将大幅度减少硬件的散热量，且无硬盘、风扇等易损部件。a. 协调处理采用 FPGA 对多通道进行转速触发采集，用 DSP 对采集数据作预处理和算法分析。b. 硬件保护采用软件固化和高级电路，保证系统的稳定，可完全避免病毒的感染，保证系统异常死机的及时恢复。c. 电源设计为双路电源冗余，保证在电力存在的任何时刻系统均能正常工作。d. 完备的自检功能，系统采用模块化设计，对每一独立部分的状态都能进行检测，及时把异常报告提交给软件系统。

② 数据采集准确。a. 动态范围宽，调理部分能具备高达几千倍的放大，使得系统动态范围得到扩大，保证弱信号的准确获取。b. 分析频率宽、计算能力强，系统的分析频率高，通过 DSP 可对采集的数据进行实时 FFT 计算。c. 黑匣子系统具备多种保存触发功能，把用户关心的数据都能保存下来，触发前、后的保存数据长度将由用户设置。

③ 良好的可扩展性。a. 系统采用模块化设计，每个在线智能工业监测站采集箱的最大配置可达多路振动通道、多路工艺量、多路转速量，可对数台设备进行全面智能监测。b. 振动兼容加速度、位移等传感器，并可以提供恒流源给各种类型的加速度传感器和涡流传感器。c. 转速通道可以接受光电传感器、涡流传感器、霍尔传感器等不同类型的转速传感器的信号。

④ 易用性强。a. 触摸屏与键盘鼠标接口并存，良好的人机界面，将可以使用 U 盘备份数据，输入、输出灵活配置。b. 系统采用高端的液晶显示器，现场将可以看到系统的工作状态，并能看到数据的动态显示。

第四节 远程故障诊断及预测技术

随着我国风电行业不断发展，为了确保风力发电机组安全可靠运行，通过应用故障预报技术和远程故障诊断及预测技术，使风力机设备故障或事故消灭在萌芽状态，从而提高风电场的经济效益。

一、故障预报技术

1. 失效类型

1）风力机在运行过程中，其内部零件要承受力、热、摩擦、磨损等多种作用，随着使用时间的增长，其运行状态不断变化，有的性能将逐步退化，从而发生零件（元件）的失效。这是导致风力机故障的主要原因。因此，研究零件（元件）失效机理，识别失效模式乃是风力机故障预报的主要任务，也是奠定故障诊断的信息基础，最终实现降低设备的寿命周期费用的目的。研究和识别设备以及零部件失效模式是十分重要的，表5-3为风力机及零部件失效类型，这是设备故障预报技术研发的主要理论基础。

表5-3　风力机及零部件的失效类型

断裂	1）韧、脆性断裂 2）过载断裂：冲击过载断裂、静强过载断裂 3）疲劳断裂：高、低周疲劳断裂、高温疲劳断裂、热疲劳断裂、冲击疲劳断裂、腐蚀疲劳断裂、微振疲劳断裂、蠕变疲劳断裂 4）环境致断：应力腐蚀断裂、氢损伤致断、液体金属致脆、辐照致断、热振致断、冷脆致断裂纹
裂纹	1）铸造裂纹：冷、热铸造裂纹、机械铸造裂纹 2）锻造裂纹：加热、冷却锻造裂纹、折叠锻造裂纹、分模面锻造裂纹、龟裂 3）焊接裂纹：冷、热焊接裂纹、再加热焊接裂纹、异常偏析焊接裂纹、应变脆化焊接裂纹、延迟焊接裂纹 4）热处理裂纹：过急冷却热处理裂纹、过热淬裂、结构异常淬裂、夹杂致裂 5）机加工裂纹：磨削裂纹、振动裂纹 6）使用裂纹：冲击裂纹、疲劳裂纹、蠕变裂纹、氢脆裂纹、应力腐蚀开裂、热撕裂裂纹
磨损	粘着磨损：热胶合（胶合）磨损、冷胶合磨损、磨粒磨损、接触疲劳磨损、点蚀、剥落、冲击磨损、腐蚀磨损、冲蚀磨损、微振磨损、电蚀磨损、气蚀磨损
畸变	1）过量变形：冲击过量变形、静载过量变形、纵弯失稳 2）蠕变：使用蠕变、超过盈蠕变、误换蠕变、修补蠕变 3）泡胀
腐蚀	化学腐蚀、电化学腐蚀、生物腐蚀、应力腐蚀、晶间腐蚀
其他失效	打滑、松脱（松动）、泄漏、烧损、复合失效

2）设备的功能体现着它在生产活动中存在的价值和对生产的保证程度。风力机故障会严重影响风电场经济效益，因而必须探索故障发生的规律：对故障进行管理、记录；对故障机理进行分析，采取有效措施控制故障的发生。

设备的状态即设备的工况，分为正常状态、异常状态和故障状态，可见故障只是设备运行状态中的一种特殊状态。故障预报技术即是以研究故障状态的发生、发展和消除的规律性为主的专门技术，通过故障预报技术应用，使风力机故障或事故消灭在萌芽状态，从而大大提高风力机运行安全性、可靠性。

故障预报技术是保障设备可靠运行、提高设备服役性能的现代技术及核心技术之一，也是当前研究的重点，国内外十分重视对设备故障预报技术的研究开发工作。

2. 故障分析及研究

1）由于各种原因使设备参数劣化或老化，逐渐发展而产生的故障。其主要特点是：在给定的时间内，发生故障的概率与设备运行的时间有关。设备的使用时间越长，发生故障的概率越高。这类渐发性故障与零件表面材料的磨损、腐蚀、疲劳及蠕变等过程有密切关系，事先都有征兆出现，能通过早期检测或试验来预测。

2）故障产生的原因是各种不利因素以及偶然的外界影响共同作用的结果。这种作用已超出了设备所能承受的限度。故障往往经过一段使用间隔时间才发生。这类突发性故障的主要特征是：在给定时间内，发生故障的概率与设备已使用时间无关。如因设备使用不当或出现超载运行而引起零件折断；因各项参数都达到极限值（载荷大、剧烈振动、温度升高等）而引起的零件变形和断裂。

这类故障主要原因是操作与维护不良而引起的，由于超过设备本身的能力而超负荷运行出现的故障，以及运行中维护不当而造成的故障或设备事故。故障原因在于设备所承受的应力超过设计的极限能力。

此外，还可分为结构型故障（如裂纹、磨损、腐蚀、不平衡、不对中等）和参数型故障（如流体涡动、共振、配合松紧不当、过热等）。而操作者及管理者更要关注的是危险性的、突发性的、持续性的、全局性的故障，因为这些故障往往会造成灾难性的损失，也比较难于防范，所以开展设备故障预报尤为必要。有效运用设备故障预报技术，是在当前现代设备工程中有挑战性任务之一。

3. 故障原因

故障预报技术是保障设备可靠运行、提高风力机服役性能的现代设备核心技术之一，也是国外研究重点之一。

无论是设备或其零部件，影响其失效和故障的基本因素，从客观上看，可归结为设计因素（原始因素）、制造因素（包括装配、调试因素）和运行及维修因素（工况使用因素）三大方面，为了提高预报技术可靠性、安全性，应从这三个方面努力才能达到目的。

（1）设计　为了保证风力机及其零部件的质量，必须精心设计，精心施工，以保证设计不会因应力过高，应力集中，或是材料、配合、润滑方式选用不当，对使用条件、环境影响考虑不周而超过在给定条件下正常工作和运行的准则。

（2）制造

1）装配调试因素。在零部件组装成风力机的过程中，装配或调试不良，是导致风力机发生某种失效的重要因素。常表现为：①啮合传动件，如齿轮、蜗杆、螺旋等啮合间隙不合适。②连接零件的防松装置不可靠等。③密封装置不良。

2）制造工艺因素。尽管设计是正确的，但由于工艺制造条件无法满足设计要求，风力机发生各式各样的故障而导致失效。如锻造过程的裂纹；焊接过程的未焊透、冷热裂纹；铸造过程的疏松、夹渣；机械加工过程的尺寸公差和表面粗糙度不合适；热处理工艺缺陷，如淬裂、回火脆裂、硬化表层的组织缺陷、硬度不足、硬化层过薄等。

3）材质因素。风力机零部件所用材料不符合技术条件，材质内部缺陷实质上是其内部的应力集中源。在外界载荷作用下材质缺陷处呈现高应力而导致某种失效。材质造成的失效，可能是由于设计选材不当；也可能是毛坯冷热加工（特别是热处理）工艺过程产生的缺陷而造成。

（3）运行及维修　首先是对运行工况参数（载荷、速度等）的监控，看其是否符合规定要求。此外，润滑条件也是一项重要的因素。润滑条件通常包括：润滑剂和润滑方式是否选得合适，润滑装置以及冷却系统功能是否正常。

4. 故障预报技术研发

故障预报技术能够提高风力机组平均无故障时间，有效确保风力机组的可靠运行，为此开展相关试验研究工作具有重要实际意义。其主要内容包括：以风力机组为对象，为提高故障预报的准确率进行典型功能部件的故障预报试验技术研究及试验环境构建；提出风力机组运行状态监测、故障诊断预报的样本试验获取方法；构建故障预报测试试验平台；进行样本故障预报案例库的设计；构建样本知识库及知识模型等。

（1）故障预报研究　故障预报研究是以最有效的方法获取反映风力机状态（静态）、运行状态（动态）的特征量或故障诊断预报知识，并据此建立合适的故障模型。目前以风力机组的具体系统为对象进行研究，如主传动系统振动监测与诊断预报、风轮转速系统监测与诊断预报、发电机系统的监测预警等。相应的诊断预报方法以传感器技术、信号处理及分析技术和多传感器信息融合技术为主，通过一定的监控诊断预报模型实现状态判定与故障预报，或依靠数学模型来分析诊断预报对象的某种动态特性信息已取得一定的成果。从分析诊断预报对象的功能、原理、结构等方面入手，并结合专家经验，以建立诊断预报知识库为目标，诊断预报过程以知识推理为主，机理模型、功能模型及故障树模型是常用的方法。总体上，风力发电机组故障诊断预报技术的研究主要是沿着诊断预报系统架构研究、智能诊断预报方法研究、故障机理及故障模型研究和系统集成技术研究等四个方向深入开展。主要表现在以下几个方面：

1）高性能的风力机组必须具备高度柔性，所以必然要求系统内部具有高度灵活性和运行模式的多样性，克服系统的不确定因素和在模式转换过程中故障发生的高可能性。

2）诊断预报获取困难，由于系统设备复杂，同时在外部条件影响下使风力发电机组运行过程、工况多样，因此，必须全面搜集正常与异常状态的先验样本和模式样本。

3）故障快速定位难度大，由于风力机各部件间的动态联动性、离散性致使故障的传播性、故障源的分散性更加明显。同时过程状态及故障的断续性、突发性、模糊性、关联性及时变性的明显，致使故障征兆信息和设备状态信息的获取难度大。

4）由于风力机运行干扰因素影响大，使诊断预报系统的误诊、漏诊的可能性加大，必须克服诊断预报推理的精确性和可信度下降的可能性。

5）风力机组在运行过程中信息量大而繁杂，对监控、诊断与预报的信息资源需要进一步挖掘，对监控策略、故障特征提取和诊断预报知识库管理等环节提出了更高要求。

（2）构建故障预报平台　以风力发电机组为对象，构建整机动态性能故障预报模拟综合试验环境，配备风力机性能评价所需的检测仪器设备，实现风力机设备典型故障的模拟；为样本数据获取、典型故障监测方法及单元技术的模拟验证提供了基础试验条件。风力发电机组的故障预报平台构建方案如图 5-15 所示。

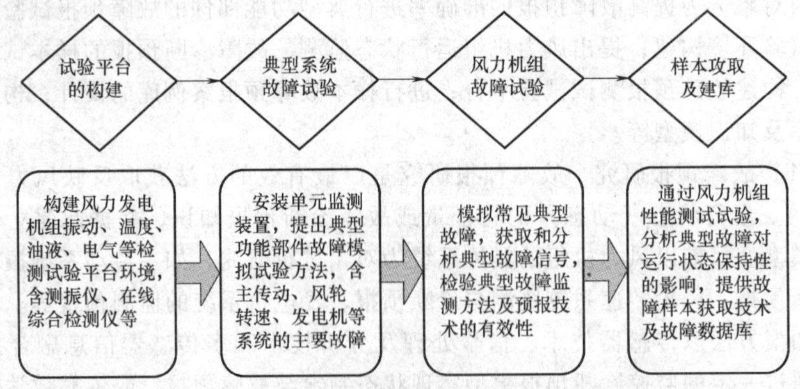

图 5-15　风力发电机组的故障预报平台构建示意图

根据风力发电机组整机运行动态性能故障预报试验平台的功能要求，以及各系统的结构特点，以运行状态信息及故障特征信息获取的准确性和完备性为目标，确定各类测试试验仪器及各类传感器的配置和选择标准，同时确定测试仪器及传感器的可安装性及布置方案的合理性。利用风力发电机组故障预报试验平台，对风力机典型功能部件主要故障进行模拟试验设计，主要是模拟主传动系统、风轮系统、发电机系统的主要故障，也可以模拟传动系统及控制电气系统的主要故障；同时可模拟有相互关联的两个或多个故障同时发生的工况。

在整机故障预报模拟试验平台上安装典型功能部件的单元监测装置，通过整机静、动态性能测试及试切标准试件的试验，模拟典型功能部件的常见故障，同时获取主要故障所需的典型信号样本。

(3) 获取故障预报样本数据　样本数据的有效获取是实现风力机组故障预报所需的动态性能分析和评价的基础，也是建立设备运行性能分析和评价体系的关键。针对风力发电机组各系统运行特性，构建的整机运行动态性能故障预报试验平台的试验环境，采集和模拟风力机各系统运行的主要故障，通过振动、噪声、声发射、温度、位移和图像等各类测试仪器系统采集故障诊断预报所需的设备运行状态信号，为单元监测技术与装备的研发提供了真实可靠的试验样本数据，为进一步实现整机样本数据处理和样本数据建库提供了样本数据信息。数据样本获取方法：

1) 对风力机运行速度、加速度、振幅与频率进行机械动态特性的样本数据采集，利用在线综合检测仪等进行风力机机械动态特性测量试验，以示波器的方式实时显示来自检测系统的连续数据流，对运动和定位特性进行测量及样本数据的获取。

2) 为实现基于时间的动态测量及样本获取，利用基于时间的采集使动态软件提供相对位移数据，通过程序设置来完成采集时间范围内数据的保存。采用振动噪声测试分析系统和高速数据采集及分析处理系统，对风力机运行实时的动态特性进行测量获取试验样本。

3) 采用专用系统对主齿轮箱、各减速器等的破损及磨损类故障进行样本获取试验，通过声发射测量试验分析，由检测得到的振动波形信号、频率质心信号、峰值频率信号等评价的磨损程度；采用专用系统进行磨损程度的样本获取试验。

通过以上样本获取试验研究，能够有效地揭示出风力机组运行典型故障对整机动态性能和故障预报的发展机理，并且能够分析其影响因素，提供故障预报试验和分析的数据样本。

(4) 故障预报信息建库　针对风力机组的样本数据存在着噪声和不确定性因素而难以发现运行状态信息的隐含规律的难题，采用基于粗糙集理论的方法对样本数据进行数据分析和推理，能够有效解决信息获取、知识获取和决策分析中的实际问题。

通过分析样本数据的基本构成，采用基于粗糙集的样本数据获取方法进行建库，利用专门软件实现样本的存储、检索、管理和维护等数据库管理功能。风力机组状态信息试验获取与建库设计框架如图 5-16 所示。

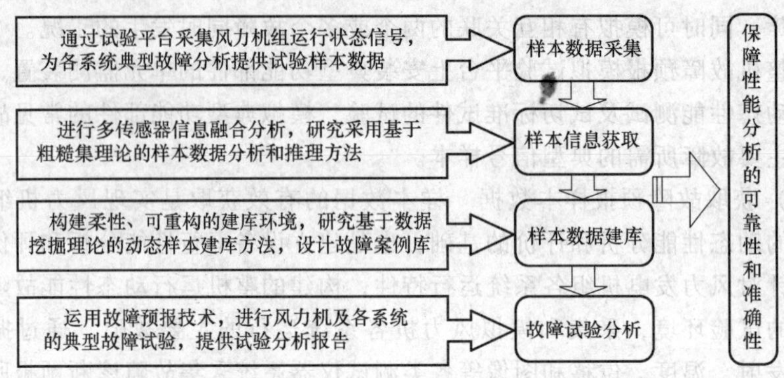

图 5-16 风力机组状态信息试验获取与建库设计框架

（5）样本故障预报试验分析 对实际运行的风力发电机组进行基于整机及各系统运行状态样本数据采集和建库的试验，在试验中进行风力机在各种外界条件的数据采集以及模拟典型故障的数据采集和分析。在试验研究基础上对样本数据的获取与建库的方法进行修正和优化，进行风力机各系统的故障预报试验，实现试验样本的数据获取和分析。

（6）风力机组故障预报实践 构建以风力发电机组为核心的样本试验获取和建库的试验平台，同时配备样本获取的试验风力机组及配套系统，利用该试验平台获取所需的样本试验数据，通过数据分析系统进行样本数据分析，并建立影响风力机运行动态性能的典型。故障样本数据案例库，为风力机组典型故障模拟提供所需的故障预报样本及试验条件。

为了有效分析影响风力发电机组运行的故障因素、验证故障预报的方法和系统，建立柔性、开放式及可重构的数据库和知识库的环境，为风力机组整机性能运行状态评价、故障机理分析和故障预报的数据和知识提供条件。为了有效利用所建立的数据库和知识库，进一步利用数据挖掘理论，从风力机组运行状态的大量样本数据中提取或挖掘有用信息和知识，研究并提出基于数据挖掘理论的整机动态性能样本数据的建库方法，以实现整机样本数据库和知识库的有效组织和利用。

二、远程故障诊断及预测技术

1. 现状

由于我国风电行业持续发展，特别是风力场分布地域广阔，加上气象条件变化等多种因素，造成对运行的风力发电机组有无故障及故障类型。部位、损坏程度等难以准确把握。通过多年来广大风电行业科研与管理人员的辛勤工作，对风力发电机组利用远程故障技术对该机组进行运行状态和故障监测、预测，并积累了大量测试数据，为风力发电机组进行远程故障预测及使机组安全、高效、长周期运行成为可能，也为有计划、有目的的维修提供了技术支持。

图 5-17 所示为远程大型风力发电机组状态监测、预测系统的模型。即利用现场监测系统采集数据，该数据传递给构建的远程网络数据库和远程监控中心。远程监控中心由高性能远程中心服务器、多个风力发电机组状态监测系统等组成。风力机组状态监测 S8000 系统安装在最终用户端；远程中心服务器安装在设备故障预报服务中心。远程监测中心服务器由大型数据服务器和专用软件等组成，完成对多个代理服务器 S8000 系统的管理与设置，对多套机组运行数据进行长期存储和管理，提供专业的诊断和预测图谱，为工程师提供网上共享的工作平台，并可根据用户需要，开发其他个性化功能。

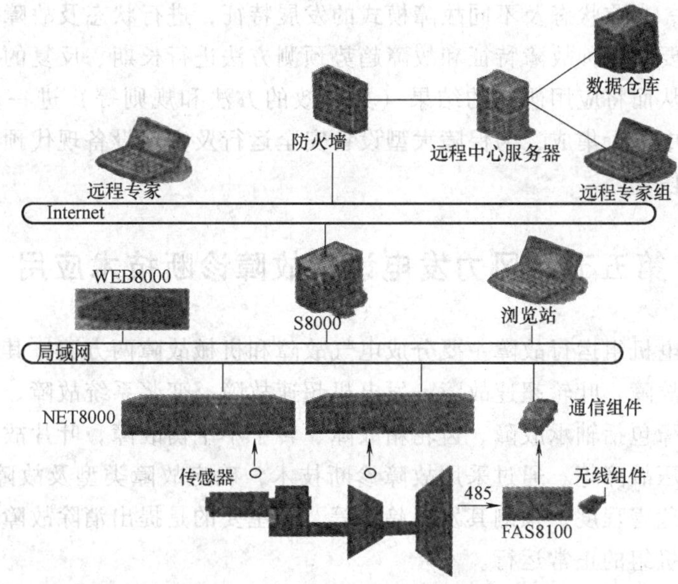

图 5-17　远程大型风力发电机组状态监测、预测系统的模型

2. 发展趋势

1）未来远程故障预报技术开发和应用能够方便地实施风电集团及风电场设备群体的远程状态监测、故障诊断和故障预报，利用进行基于实测数据的重要设备状态和故障的趋势预测方法研究，有利于提高趋势预测方法的有效性和工程应用价值。

能够通过数据接口直接利用现场风力机的实时数据进行在线数据分析、实验研究和方法验证；还能够通过远程故障预报中心将数据分析结果和故障预测结果直接反馈到设备管理中心，以指导风电场进行针对性的设备维护和设备管理；必要时可将经分析判断后的反馈信号直接实时反馈到设备接口，以起动设备安全保护系统或进行设备运行状态的优化控制。

2）远程故障预测技术及应用是一项复杂的课题和工作，它涉及振动测试、信号分析、故障诊断、趋势预测及机械、流体、电子、计算机和人工智能等多门学科以及工程应用技术。

3）远程故障预测技术实施目标：通过远程监测系统实施设备现场在线检测、状态分析和数据远程传输；通过远程网络将采集到的风电场的风力机在线实测数据传输到实验室的远程终端；然后利用远程故障预报中心进一步分析现场设备工作状态、发展趋势和早期故障发展特征，提供设备故障发展、发生信息及设备维护信息，从而实现风电场设备状态趋势预测及故障预测的验证及应用。

在实际应用中要准确判断风力机故障发生的原因和部位，特别是要准确预测风力机故障发展趋势及故障未来的发生时间，则需要根据不同条件的机械特性及其历史特征、当前状态及不同故障模式的发展特征，进行状态及故障分析和趋势预测，还需要对各种故障特征和故障趋势预测方法进行长期、反复的实验分析和实践验证，从而将应用研究的结果（如有效的方法和规则等）进一步在远程故障预报系统中进行集成，为保障大型设备安全运行及实现设备现代预知维护提供有效技术手段。

第五节　风力发电设备故障诊断技术应用

风力发电机组运行故障主要分成电气故障和机械故障两方面，其中电气故障主要有电网故障、叶轮超速故障、发电机超速故障、变桨系统故障、变流器故障等。机械故障包括轴承故障、齿轮箱故障、转子不平衡故障，叶片故障、机械制动故障、液压故障等。通过采用故障诊断技术，确定故障类型及故障产生原因，预估故障的危害程度，预测其发展趋势等，更主要的是提出消除故障措施，并及时恢复风力机组的正常运行。

一、机械故障诊断技术典型应用

对风力发电机组采用故障诊断技术，对运行机组普遍采用振动诊断、温度检测、应力测量等方法，目前应用振动诊断方法开展比较广泛，以实施对风力机组的在线预测，维护取得较好效果。

1. 振动故障诊断技术应用达到预估预警作用

振动故障通常与以下因素有关：

1）磨损情况：对轴承、齿轮及齿轮箱等润滑不良现象。

2）不对中情况：平行不对中、斜角不对中等。

3）不平衡情况：发电机绕组分布不均、铸造缺陷、转子偏心轴、热膨胀不良等。

4）安装情况：过度间隙、螺栓松动、共振现象等。

2. 采用振动监测的优势

识别设备故障、减少非正常停车时间、提高风力机生产率、合理安排风力机维护计划、有效控制风力机质量。

1）风力发电机组典型振动监测方案实施如图 5-18 和图 5-19 所示。

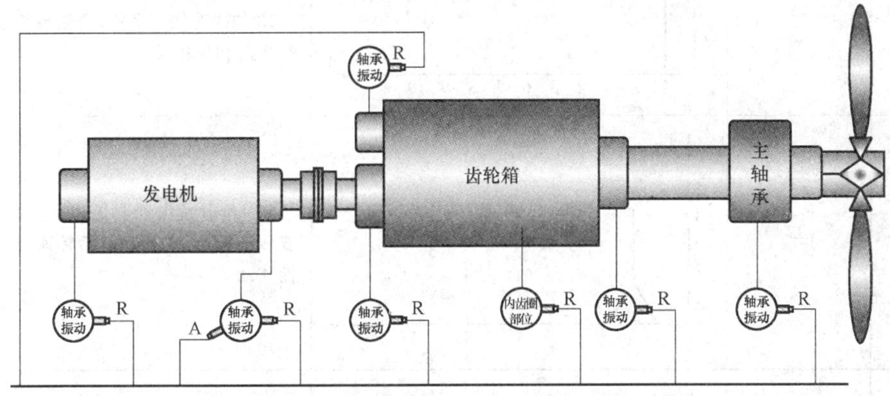

图 5-18 风力发电机组典型振动监测方案

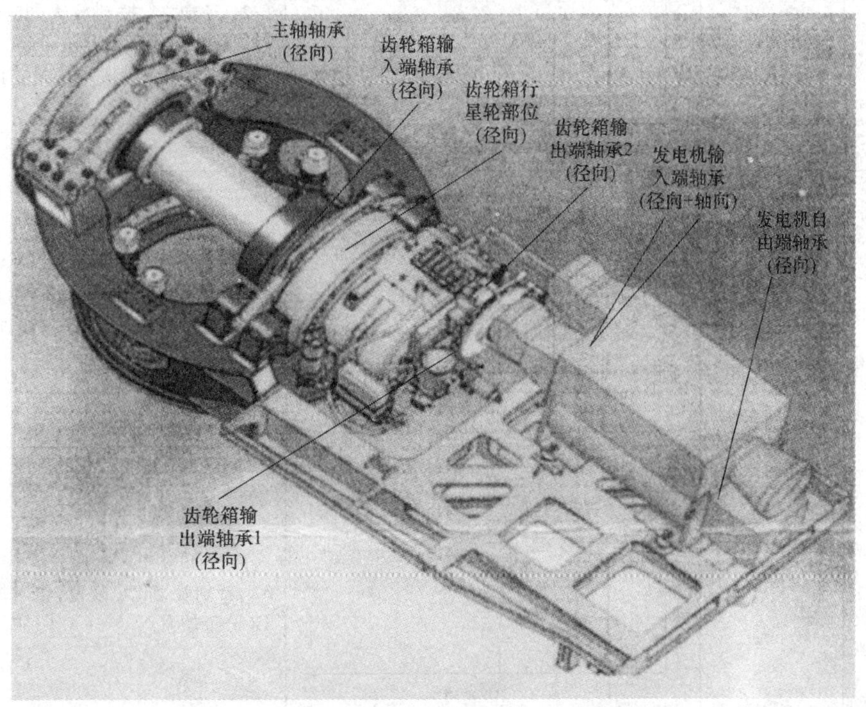

图 5-19 风力发电机组典型振动监测方案实际位置

2）振动故障诊断主要实施方法见表5-4。

表5-4 振动故障诊断主要实施方法（举例）

序号	故障	测量频谱举例	典型特征
1	不平衡	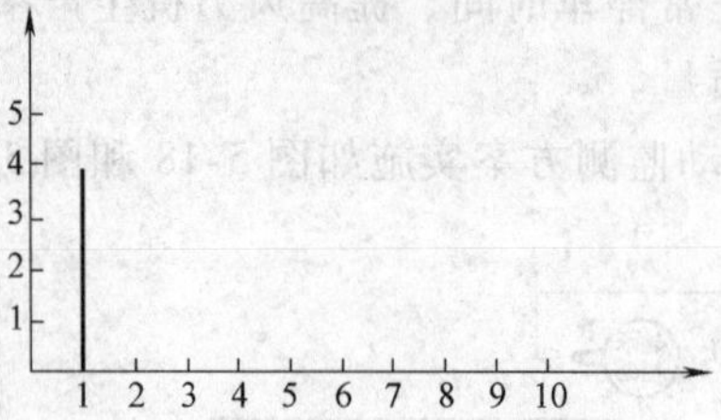 纵轴：1 2 3 4 5；横轴：1 2 3 4 5 6 7 8 9 10	1. 频谱以1X(与转子旋转相同频率)分量为主,其他倍频幅值很小; 2. 如果为偶不平衡,两端轴承水平方向相位相反
2	共振	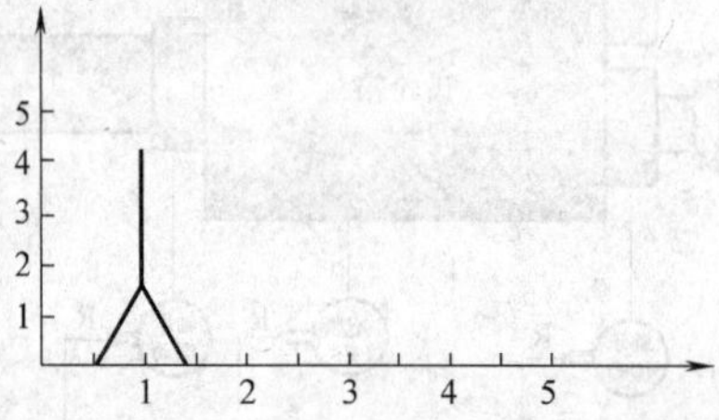 纵轴：1 2 3 4 5；横轴：1 2 3 4 5	在1X分量出现明显边带,且改变转子转速,该频率不随转速变化而移动
3	轴弯曲	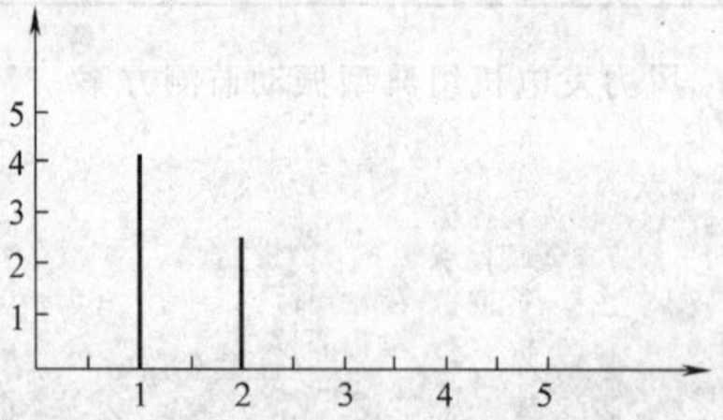 纵轴：1 2 3 4 5；横轴：1 2 3 4 5	1. 轴向1X、2X振动可能很大; 2. 径向2X振动较大,甚至超过1X; 3. 前后轴承轴向相位差变化明显(180°)
4	联轴器不对中	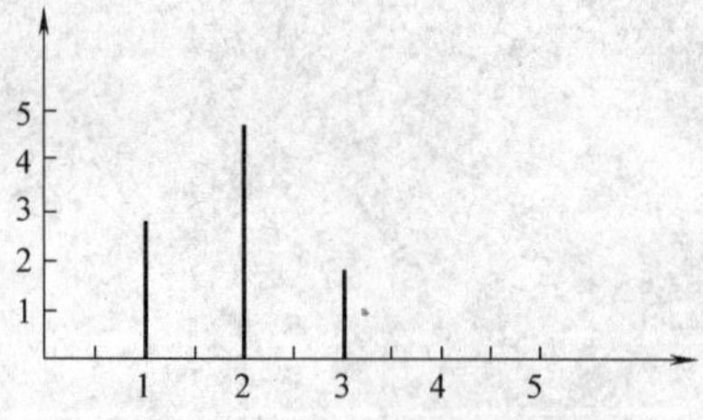 纵轴：1 2 3 4 5；横轴：1 2 3 4 5	平行不对中。有稳定1X、2X、3X,特别注意2X分量;径向以1X、2X分量为主,2X分量一般超过1X分量
		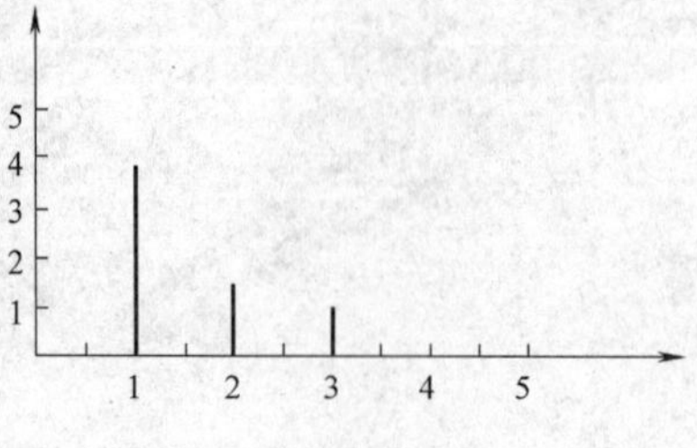 纵轴：1 2 3 4 5；横轴：1 2 3 4 5	角度不对中。有稳定1X、2X、3X,特别注意2X分量,轴向振动1X分量较大

3. 典型风力机的机械故障诊断

（1）主要机械故障　具体如下：

1）联轴器对中故障。

2）齿轮啮合不良故障。

3）滚动轴承出现故障。

4）转子不平衡故障。

5）润滑不良故障。

6）发电机特有电磁类故障。

7）转子轴弯曲及裂纹故障。

（2）轴承故障　轴承是风力机中最常用部件之一，也是容易产生故障的部件。40%的故障与轴承脏污和润滑有关；30%的故障与安装有关；20%的故障与过载或制造质量有关。

故障原因是制造缺陷、安装不当、磨损等。轴承发生故障其隐患是加大机组振动，使轴承寿命降低，造成其他相关正常部件寿命终止（如正常运行机械密封由于轴承更换而被迫报废）；损伤常具有隐蔽性、突发性，甚至造成抱轴卡死现象，如图 5-20 所示。

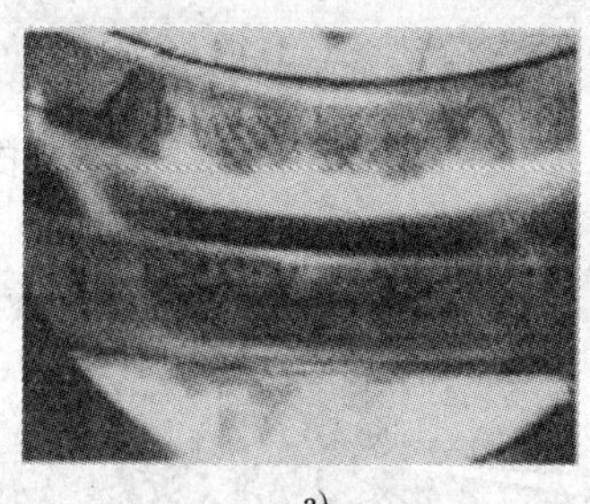
a)

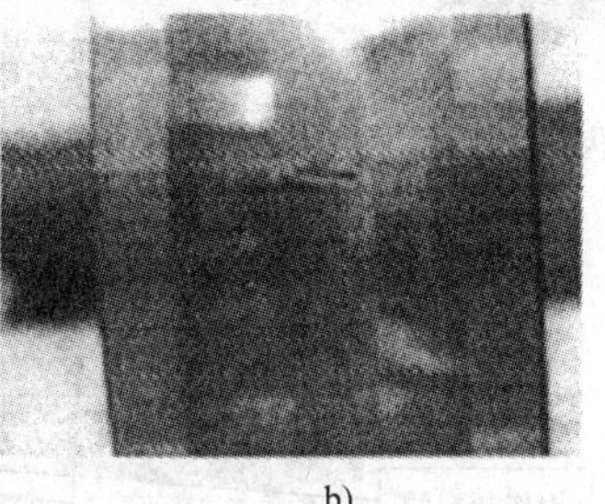
b)

图 5-20　轴承故障示例

（3）齿轮箱故障

根据对部分风电场故障资料调研，齿轮箱故障现象有以下几种类型：

1）齿断裂及啮合不良，故障比例为 41%。

2）齿面疲劳（点蚀、剥落等），失效比例为 31%。

3）齿面划痕，失效比例为 10%。

4）齿面磨损比例为 10%。

5）其他故障，如齿面龟裂、化蚀、塑性变形等为 8%。

故障原因为制造缺陷、安装不当、磨损等，齿轮箱发生故障其隐患是加大风电机组振动，造成轴承寿命降低，损伤常具有隐蔽性、突发性，如图 5-21 所示。

（4）发电机故障　主要有转子故障、定子双障、机械故障、电气故障等。

故障原因为制造缺陷、安装不当、磨损、绝缘等。发电机发生故障其隐患为加大发电机振动，轴承寿命降低，甚至导致发电机烧毁等。

（5）联轴器不对中。两个相连接的部件轴线不平行或不重合，一个或多个轴承安装倾斜或偏心，即为不对中。

造成不对中的原因可能是装配不当、调整不够、基础损坏、热胀或联轴器锁死等。联轴器不对中故障其隐患为加大机组振动，造成轴承和机械密封损伤，甚至造成联轴器螺栓断裂，引发灾难性事故，如图5-22和图5-23所示。

图5-21　齿轮箱内部齿轮啮合不良

图5-22　联轴器不对中故障

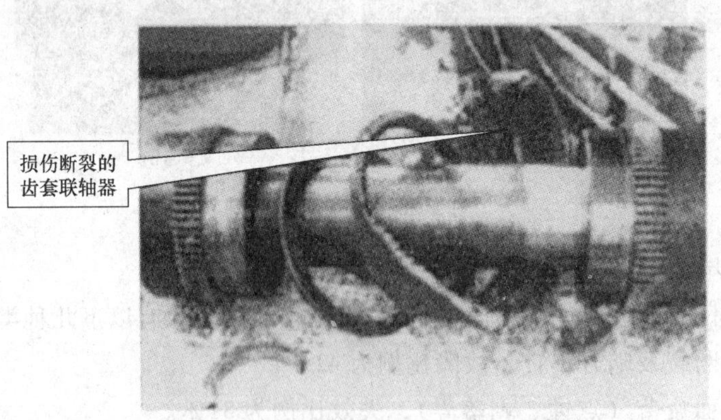

图5-23　损伤断裂齿套的联轴器

（6）转子不平衡　不平衡是转子质量分布不均匀造成的，不平衡的那部分质量在转动中会产生离心力，离心力随着不平衡质量的旋转而引起振动异常现象。

转子不平衡的原因有：

1）制造时几何尺寸不同轴或质量分布不均匀。

2）安装中斜键或轴颈不同心。

3）轴水平安放过久或受热不均匀，造成临时或永久变形。

4）工作介质中的杂质在转子表面沉积。

5）相关零部件配合过松。

6）动平衡方法不当（高转速、低转速）等。

转子不平衡故障其隐患为加大机组振动，导致其他部件连锁损伤。特别是需要通过仪器测量，将基础松动、转轴弯曲、角度不对中造成原因加以区分，通过采取技术措施及时将故障排除。

二、电气故障诊断技术典型应用

风力机组电气及电控系统故障时有发生，对风力机组安全可靠运行造成影响很大，主要有电控系统故障、电网电压不正常故障、叶轮超速故障、发电机组超速故障等。变桨系统常见故障有控制系统故障、驱动器失效故障、变桨电机制动异常响声故障、变桨电机运行温度异常故障等，详见表5-5和表5-6，通过应用故障诊断技术和专用仪器仪表检测，找到故障或事故原因，采取技术措施及时将故障排除，确保风力机组安全可靠、经济合理运行。

表5-5 电气及电控系统典型故障处理

现象	故障点	处理方法
1. 电控系统故障	+24V 安全继电器1 手动安全停机（机舱） 手动安全停机（塔底） 控制器故障 变桨故障 安全继电器2 主断路器(主空气开关)反馈 振动开关 主轴超速 发电机超速 安全继电器 机舱急停 塔底急停 主控690V供电接触器 24V–	
	急停按钮	①检查急停按钮是否误触发； ②检查接线是否松动，线路是否损坏

（续）

现象	故障点	处理方法
1. 电控系统故障	主断路器	①检查风力机与箱变间主断路器是否跳闸 ②检查风力机与箱变间主断路器反馈信号是否正常，调试阶段可能反馈接错触点，或者接线其他错误
	振动开关	①检查振动开关常闭触点是否接为常开触点； ②检查接线是否松动，线路是否损坏； ③运行时偶发的振动超限使触点断开，当振动不大即触发时观察振动开关小锤是否过松，应更换振动开关
	超速	①运行时超速引起故障，检查原因采取措施 ②误报超速引起故障，检查超速测量系统
	安全停机按钮	①检查按钮是否误触发； ②检查接线是否松动，线路是否损坏
	控制器	①控制器安全链反馈信号线是否松动、损坏 ②控制器安全链 24V 信号丢失，重启或检查控制器程序，控制器硬件故障应更换模块
	变桨系统	①检查集电环处接触是否良好 ②检查相关插头和触点是否松动
	安全继电器	①控制柜内安全继电器 24V 供电线路松动或损坏 ②控制柜内安全继电器 24V 供电开关电源烧坏 ③控制柜内 24V 短路 ④安全继电器触点松动 ⑤安全继电器损坏
2. 电网电压不正常故障	电网故障	①检查低电压穿越功能是否启动 ②检查箱变是否工作正常 ③检查是否全风场大面积停机
	电量测量模块电压信号问题	①检查电量模块供电是否正常 ②检查电量模块上游空开等是否正常 ③更换电量测量模块
	电流互感器故障	①检查电流互感器线路是否损坏或松动 ②更换电流互感器
3. 叶轮超速故障	联轴器	检查联轴器是否提前打滑（观察原点标记是否变动），此为机械故障引起的电气故障

（续）

现象	故障点	处理方法
3. 叶轮超速故障	电磁干扰	观察叶轮转速是否存在异常跳动现象，检查线路屏蔽是否完好，风力机接地是否正常
	接近开关计数模块	①检查接近开关计数模块是否故障 ②检查接近开关计数模块与控制器连接是否正常
	一次回路问题	一次回路故障造成输出功率小于输入功率也会造成叶轮过速 ①检查一次回路电缆是否完好、三相是否平衡 ②检查并网接触器等一次回路接触器是否正常
4. 发电机超速故障	发电机测速接近开关	①检查发电机接近开关与叶轮带孔测量金属面的距离，一般直径为12mm的接近开关距离不能大于5mm ②检查接近开关与控制器间接线是否正常 ③更换接近开关
	发电机转速设定值	检查控制系统中发电机超速限值设定是否过小
	变桨PI参数设定	属于调试问题，PI参数未整定好，超调过大。检查是否短时大阵风时，变桨收桨是否延迟过大造成转速超调

表5-6　变桨系统典型故障处理

现象	故障点	处理方法
1. 控制系统故障	主控安全链	检查主控安全链是否断，必要时可以短接主控安全链用以检查变桨系统
	变桨控制器安全继电器	变桨电源、充电器等部件故障反馈引起控制器安全链继电器失电
	驱动器轴模块	驱动器内部故障，观察驱动器状态信号灯是否正常
	变桨柜上电开关	观察各变桨柜上电开关是否断开或损坏
	安全链末端插头	观察安全链末端插头是否松动或虚接
2. 驱动器报警	防雷模块	①防雷模块烧坏，观察防雷模块是否窗口变红 ②防雷模块反馈线路故障或反馈触点故障
	限位开关触发	①观察限位开关是否触发 ②调试时观察变桨角度，若提前触发限位开关，应调整限位滑块
	柜内空开跳闸	观察柜内是否有空开跳闸，排查跳闸原因

（续）

现象	故障点	处理方法
3. 变桨电机制动时有异声	变桨电机制动器间隙	调整变桨电机制动器间隙
4. 变桨电机运行时间不长温度异常	变桨电机供电插头	检查电机供电插头是否虚接或内部断裂
	电机	电机内部故障
	变桨电机风扇	①风扇坏 ②风扇插头或接线有松动

第六章　风力发电设备修理

设备维护修理是指为保持或恢复设备完成规定功能的能力而采取的技术活动，这是设备工程中的重要环节。设备使用期限、运行效率及功能在很大程度上也取决于对它的使用和维护修理情况。即应使设备保持良好技术状态，防止发生非正常磨损和避免突发性故障，延长使用寿命；延缓劣化进程，消灭隐患于萌芽状态，从而保障设备安全可靠运行。

随着风电行业不断发展，风力发电机组数量不断增长，做好风力机设备维护修理工作越来越重要。风力发电设备修理主要是指风力机运行磨损、修理工艺管理、高级修理技术和典型维修内容及规程。

第一节　运行磨损

维修的本质是由于风力机在使用或闲置过程中由于受外力和自然力的作用，其零部件会发生摩擦、振动和疲劳，使设备产生损耗，性能逐渐弱化和贬值。设备的磨损一般有两种形式：有形磨损和无形磨损：而通过维修可以使风力机磨损、失效、性能等得到补偿。

一、有形磨损

风力机在使用或闲置过程中发生实体磨损和损耗，称为有形磨损。有形磨损有两种情况：一种是风力机在运行过程中，其零部件间隙配合表面因摩擦、振动和疲劳等产生的磨损。这种磨损使零部件的原始尺寸甚至形状发生变化，改变公差配合状况，使运行效率下降，性能劣化，不能满足发电要求，造成操作、维修、管理等费用的增加。这种磨损发展到严重程度时，就会造成故障频繁，甚至导致事故。另一种是风力机在闲置或封存过程中，由于自然力和环境的作用，使风力机生锈、金属腐蚀，橡胶和塑料老化，或由于维护管理不善，而丧失其工作能力。

二、无形磨损

风力机在使用或闲置过程中，不是由于使用或自然力的原因，而是随着时间的推移及科学技术的进步，引起设备价值的缩水，称为无形磨损。无形磨损也分两种情况：一种是由于制造风力机的技术、工艺和管理水平的提高，因而使原设备在使用中相应贬值；另一种是由于科学技术的发展而不断出现技术更先进、结构更新颖、性能更好、效率更高的新风力机，使原风力机在自然寿命终了前就显得相对陈旧落后，原设备价值相对降低。

风力机组在有效使用期内，往往同时发生有形磨损和无形磨损，两者均使原设备价值贬低。有形磨损严重的风力机往往不能正常运行，而无形磨损严重的风力机虽可正常使用，但效率相对较低，经济效果差。

三、磨损的补偿

为了保证风电场生产经营活动的顺利进行，使风力机经常处于良好的技术状态，就必须对风力机的磨损及时予以补偿。补偿的方式视风力机的磨损情况、技术状况和是否经济合理而定。基本形式是修理或更新，但必须根据风力机的具体情况采用不同的方式。风力机磨损形式及其补偿方式如图 6-1 所示。

对可消除的有形磨损，补偿方式主要是修理，但有些风力机为了满足更复杂工况要求，需要改善性能或增加某些功能并提高可靠性时，可结合修理进行局部改造；对不可消除的有形磨损，对改造不经济或不宜改造的风力机，补偿方式主要是更新。

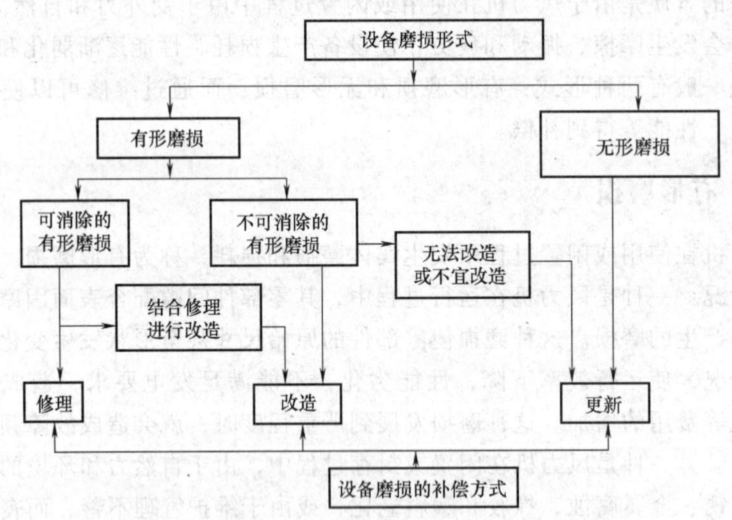

图 6-1 风力机磨损形式及其补偿方式

四、设备寿命

设备寿命是风力机从安装验收后，交付生产开始使用，直到不能使用以致报废所经过的时间。设备的寿命可分为物质寿命、技术寿命和经济寿命。

1）设备 物质寿命又称为设备自然寿命或物理寿命，风力机经使用磨损后，通过维修可延长其物质寿命。但在一般情况下，随着风力机使用时间延长，支出的维修费用日益增加，风力机的技术状况也不断劣化。因此，过分延长风力机物质寿命在经济上、技术上不一定是合理的。

2）设备 技术寿命是指从风力机开始使用，到因技术落后而被淘汰所经过的时间。随着科学技术的发展，特别是微电子技术和计算机技术的发展，加快了风力机组的更新换代，使风力机的技术寿命趋于缩短。要延长风力机的技术寿命，就必须用新技术进行定期维修。

3）设备 经济寿命是指风力机从开始使用到创造最佳经济效益所经过的时间。也就是说，是从经济角度来选择最佳使用年限。设备经济寿命期满后，如不进行改造或更新，就会影响风力机运行效率和生产成本，影响风电企业的经济效益。

在我国风电行业多数企业是根据风力机组的物质寿命来考虑更新的，如按年折旧率3%～5%计算使用年限，一台风力发电机组往往可以使用到20年左右，由于风力机所处地理区域情况不一，风电企业可以根据实际运行情况设定使用期限。随着国内对风电行业市场不断扩大，风电企业根据自身发展需要与可能，做好对风力发电机组修理与更新工作。

第二节 修理工艺管理

在风力机修理工艺管理中，主要通过抓修前准备、预检、制订修理技术方案工作，确保修理任务完成。

一、修前准备

修前准备工作的完善和及时程度，将直接影响风力机的修理质量、停歇天数和经济效益。风电企业设备管理部门应认真做好修前准备工作的计划、组织、协调和控制工作，定期检查准备工作完成情况，发现问题应及时研究并采取措施解决，保证满足修理计划的要求。对风力发电机组设备的修前准备工作，一定要编制修理准备工作计划，并下达给有关职能部门和班组执行，且进行考核。修前准备工作的程序如图6-2所示。

二、预检

为了全面深入掌握需修设备技术状态、具体劣化情况，以负责设备修理的技术人员（以下简称主修技术人员）为主，会同设备使用单位及施工单位技术人

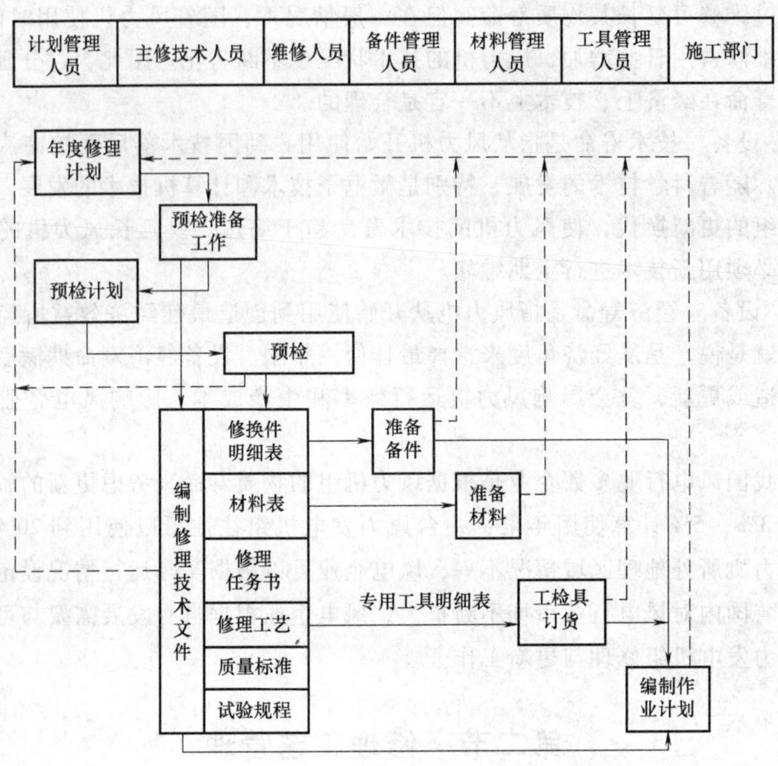

图 6-2 修前准备工作的程序

员共同进行调查和修前预检。

1. 主要内容及步骤如下：

1）向现场操作人员了解设备的技术状态，如性能出力是否下降，液压、气动、润滑系统是否正常和有无泄漏，附件是否齐全和有无损坏，安全防护装置是否灵敏可靠和设备的使用情况等；向维修人员了解风力机的事故情况、易发故障部位及现存的主要缺陷等。

2）检查设备的各系统是否达到规定的要求，特别应注意高速时的运动平稳性、振动和噪声，以及低速时有无爬行现象；同时检查控制系统的灵敏性和可靠性。

3）对风力机组运行相关项目，按出厂规定标准逐项检查，并记录实测数值。通过了解风力机对各主要部件的要求，以确定修后达到的规定标准。

4）检查安全防护装置，包括各指示仪表、安全联锁装置、限位装置等是否灵敏可靠，各防护板、罩有无损坏。

5）检查电气系统。除按常规对电气系统进行检查外，由于电器元件及系统更新速度快，故检查时应特别注意用技术先进的电器元件代替原有电器元件的必要性与可能性，以便修理时改装。

6）部分设备解体检查，其目的在于了解内部零件的磨损情况，以确定更换件及修复件。

2. 设备预检

对设备预检中发现的故障隐患应予排除，并重新组装，才能交付继续使用。

3. 预检应达到的要求

1）全面准确掌握风力机各系统的磨损情况，认真做好记录。

2）确定更换件和修复件。

3）测绘或校对更换件和修复件的图样；应达到准确可靠。

三、编制修理技术文件

预检结束后，由主修技术人员针对预检中发现的问题，按照运行指标对风力机的要求，为恢复风力机的性能编制修理技术文件和绘制配件、工具、检具图样。大修用的修理技术文件及图样包括修理技术任务书、更换件明细表（包括修复件）、材料明细表（不包括辅助材料）、修理工艺、专用工具、检具、研具明细表及图样和修理质量标准。

对于项修，可按实际需要把各种修理技术文件的内容适当地加以综合和简化。

编制修理技术文件时，应尽可能地首先完成更换件明细表和图样及专用工具、检具、研具图样，按规定工作流程传递，以利及早办理订货和安排制造。

1. 材料及备件准备

（1）材料　企业设备主管部门在编制年度修理计划的同时，应编制年度分类材料计划表，提交企业材料供应部门。编制年度材料计划的依据是：①年度修理计划（包括大修、项修、定期修理，清洗换油等计划）所列设备各种修理类别。②按设备各种修理类别历年平均材料消耗量。③按年度大、项修计划中某些项目的修理内容，需用数量较多的某种材料。

按以上三个方面综合分析，预测出按大类划分的年度需用材料数量。至于每一大类材料中需用的品种、规格及数量，则可参考历年实际消耗来预测。材料的大类可分为：碳素钢型材、合金钢型材、非铁金属型材、电线和电缆、绝缘材料、橡胶及塑料制品、润滑油及清洗剂等。

主修技术人员编制的设备修理用材料表是领用材料的依据。材料管理人员在收到某台风力机修理用材料表后，应对照年度材料计划，对未列入年计划的材料品种、规格或虽已列入年计划但数量不能满足要求者及时提出（单台）风力机修理用材料计划表，交材料部门组织供应，材料的代用应征得主修技术人员同意。

（2）修换件　备件管理人员接到修换件明细表后，对需更换的零件核定库存量，确定需订货的备件品种、数量，列出备件订货明细表，并及时办理订货。原则上，凡能从专业备件制造厂或主机制造厂购到的备件应根据交货周期及设备修理开工期签订合同，力求缩短备件资金周转期。

对必须按图样制造的专用备件（如改装件），原则上由本企业专管部门安排制造。对重要零件的修复如本企业装备技术条件达不到要求，应寻求有技术装备条件的外部企业，经协商签订订货合同。

2. 专用工具、检具、研具的准备

工具、检具、研具是保证修理质量的重要手段。检具和研具的精度要求高，应由工具管理人员向专管部门提出订货。工具、检具、研具的毛坯与自制件毛坯准备应列入企业工作计划考核。工具、检具、研具制造完毕后，应按其精度等级，经具有相应检定资格的计量部门检验合格，并随附检定记录，方可办理入库。

3. 编制修理作业计划

风电企业修理作业计划是组织修理施工作业的具体行动计划，其目标是以最经济的人力和时间，在保证质量的前提下力求缩短停歇天数，达到按期或提前完成修理任务。

1）修理作业计划由修理单位的计划员负责编制，并组织主修机械及电气技术人员、修理工（组）长讨论审定。对于单台或几台风力发电机组的大修，可采用顺序式作业计划并加上必要的文字说明；对于数量多、分布广风力发电机组群的大修，应采用网络计划。

2）编制修理作业计划的主要依据是：各种修理技术文件规定的修理内容、工艺、技术要求及质量标准；修理计划规定的工时定额及停歇天数；修理单位有关工种的能力和技术水平及装备条件；可能提供的作业场地、起重运输、能源等条件。

3）修理作业计划的主要内容是：①作业程序。②分阶段、分部作业所需的人员数、工时及作业天数。③对分部作业之间相互衔接的要求。④需要委托外单位劳务协作的事项及时间要求。⑤对现场配合协作的要求等。

风力机大修理的一般作业程序如图6-3所示。根据风力机的结构特点和修理内容，可以把各阶段再分解为若干部件，并显示出各部件修理的先后程序及相互衔接关系。

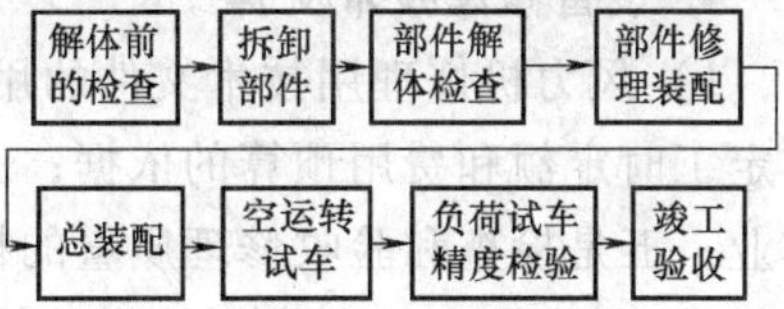

解体前的检查 → 拆卸部件 → 部件解体检查 → 部件修理装配 → 总装配 → 空运转试车 → 负荷试车精度检验 → 竣工验收

图6-3 风力机大修理作业程序

四、修理工作主要环节

1. 解体检查

风力机解体后，以设备管理部门主修技术人员为主，与现场修理技术人员和修理人员密切配合，及时检查零部件的磨损、失效情况，特别要注意在修前未发现或未预测到的问题，并尽快发出以下技术文件和图样。

1）修理技术任务书的局部修改与补充，包括修改、补充的修换件明细表及材料明细表。

2）按修理装配先后顺序的需要，尽快发出临时制造配件的图样和重要修复图样。修理单位计划调度员和修理工（组）长根据解体检查的结果及修改补充的修理技术文件，及时修改和调整修理作业计划。修改后的总停歇天数，原则上不得超过原计划的停歇天数。作业计划应张贴在施工现场，便于参加修理的人员随时了解施工进度要求。

3）临时配件制造。修复件和临时配件的修造进度，往往是影响修理工作不能按计划进度完成的主要因素。应按修理装配先后顺序的要求，对关键件逐件安排加工工序作业计划，采取有力措施，保证满足修理进度要求。

2. 修理调度

修理工（组）长必须每日了解各部件的修理作业实际进度，并在作业计划上做出实际完成进度的标志。对发现的问题，凡现场能解决的应及时采取措施解决。如发现某项作业进度延迟，可根据网络计划中的时差，调动修理工人增加力量，把进度赶上去。对现场不能解决的问题，应及时向计划调度人员汇报。

计划调度人员应每日检查作业计划的完成情况，特别要注意关键路线上的作业进度，并到现场实际观察检查，听取修理工人的意见和要求。对工（组）长提出的问题，要主动与技术人员联系商讨，从技术上和组织管理上采取措施及时解决。计划调度人员还应重视各工种作业衔接。利用班前、班后召开各工种负责人参加的简短会议，这是解决各工种作业衔接问题的好办法。

3. 质量检查

修理人员在每道作业工序完毕经自检合格后，须经质量检查员检验确认合格后方可转入下道作业工序。对重要工序（如导轨磨削），质量检查员应在零部件上做出“检验合格”的标志，避免以后发生漏检质量问题时引起麻烦。

4. 设备修理技术文件

1）风力机修理用技术文件的用途：一是修前准备材料、备件的依据；二是制定工时定额和费用预算的依据；三是编制修理作业计划的依据；四是指导修理作业；五是检查和验收修理质量的标准。

2）风力机大修理常用的修理技术文件包括：修理技术任务书、修换件明细表、材料明细表、修理工艺规程及修理质量标准。对于风力机项修，可按修理内容繁简，把上述各种修理技术文件的内容适当合并简化。

3）修理技术文件的正确性和先进性是衡量企业设备修理技术水平的主要标准之一。正确性是指能全面准确地反映设备修前的技术状况，制订切实有效的修理方案；先进性是指所采用的修理工艺不但先进适用，而且经济效益良好（停修时间短，修理费用低）。企业的设备管理部门不但要组织编制好修理技术文件，而且要组织认真执行，风力机修理解体检查后如发现磨损情况与事先预测的情况有出入，应对修理技术文件作必要的修正。风力机修理竣工验收后，应将修理技术文件随竣工验收报告单归档。积累这些材料既可供以后参考使用，又可据以分析了解设备的磨损规律，从而更有效地进行设备修理。

五、修理用主要技术资料

1）某风电场风力机修理用主要技术资料见表6-1。其中的风力机图册、设备修理工艺、备件制造工艺、修理质量标准等均应有底图和蓝图，各种资料在资料室均装订成册，可供借阅。

表6-1 风力机修理用主要技术资料

序号	名称	主要内容	用途
1	设备说明书	规格性能 机械传动系统图、变桨系统图等 液压系统图 电气系统图 基础布置图 润滑图表 安装、操作、使用、维修的说明 滚动轴承位置图 易损件明细表	指导设备安装、使用、维修
2	设备图册	外观示意图及基础图 机械传动系统图 液压系统图 电气系统图及线路图 组件、部件装配图 备件图 滚动轴承，液压元件，电气、电子元件，传动等外购件明细表	供维修人员分析排除故障；制订修理方案；购买、制造备件

（续）

序号	名称	主要内容	用途
3	备件制造工艺规格	工艺程序及所用设备 专用工具、卡具图样	指导备件制造作业
4	设备修理工艺规程	拆卸程序及注意事项 零部件的检查修理工艺及技术要求 主要部件装配和总装配工艺及技术要求 需用的设备、工具、检具及工艺装备	指导修理工进行修理作业
5	专用工业、检具图	设备修理用各种专用工具、检具、研具及装备的制造图	供修理及定期检定
6	修理质量标准	各部件磨损零件修换标准 各部件修理装配通用技术条件 风力机空运转及负荷试车标准 主要部件几何精度及工作精度检验标准	设备修理质量检查和验收的依据
7	其他参考技术资料	有关国际标准 有关国家技术标准 企业标准 国内外设备维修先进技术经验、新技术、新工艺、新材料等有关资料 各种技术手册 各种设备管理与维修期刊等	供维修技术工作参考

2）修理技术任务书　是风力机修理的重要指导性技术文件，规定了风力机的主要修理内容、应遵守的修理工艺规程和应达到的质量标准。它不但是修理工进行修理作业的依据，也是检查、验收修理质量的准绳。编制修理技术任务书时，应从风力机修前的实际技术状况出发，采用切实可行的修理工艺，以达到预期的质量要求。

修理技术任务书的编制程序一般如下：①编制修理技术任务书前，应详细调查了解设备修前的技术状况，存在的主要问题及生产、工艺对设备的要求。②针对设备的磨损情况，分析确定采用的修理方案，主要零部件的修理工艺及修后的质量要求。修理技术任务书、修理工艺及质量标准三者是密切相关的，应结合起来考虑。③将草案送使用单位负责人征求意见并会签，然后送主管工程师审查，并由有关技术负责人批准。

3）委托修理。风力机使用单位应按修理计划规定日期，在修前认真做好修理工作的安排，按期移交给委外修理单位，移交时应认真交接并填写“风力机交修单”，见表6-2，且一式两份，交接双方各存一份。风力机修理竣工验收后，双方按风力机交修单仔细进行清点；如风力机在现场进行修理，使用单位应在移交时，为修理作业提供必要的场地。

4）修换件明细表。是预测修理时需要更换和修复的零（组）件明细表。它是修前准备备件的依据，应力求准确，既要不遗漏主要备件，以免因临时准备而影响修理工作的顺利进行，又要防止准备的备件过多，修理时用不上而造成备件积压。修换件明细见表6-3。

表6-2 风力机交修单

资产编号		设备名称		型号及规格	
修理类别		交修日期		年 月 日	
随机移交的附件及专用工具					
序号	名称	规格	单位	数量	备注
需要记载的事项					
移交单位	单位名称		承修单位	单位名称	
	技术负责人			技术负责人	
	总负责人			总负责人	

表 6-3　修换件明细

资产编号		设备名称				型号规格				修理类别		
序号	零件图号或型号	名称	材质	数量	质量/kg		更换件储备形式			修复件工艺简介	单价/总价/元	备注
					单重	总重	成品	半成品	毛坯			
修理计划人员			备件管理人员					主修技术人员				
									编制日期	年	月	日

六、设备修理竣工验收

1. 技术程序

风力机大修理完毕经修理单位试运转并自检合格后，按图6-4所示技术程序

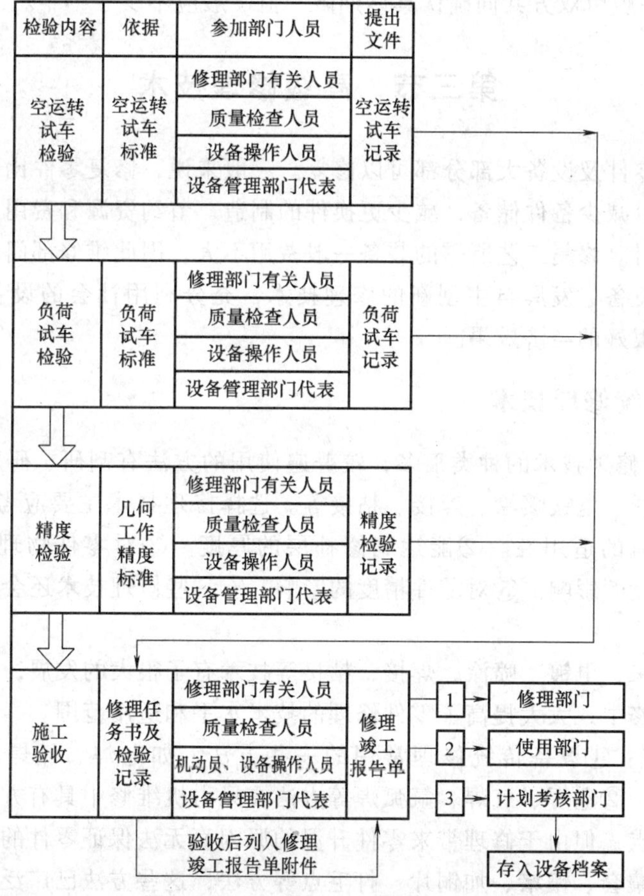

图 6-4　修理竣工验收技术程序

办理竣工验收。

1）设备修理竣工验收后，由修理单位将修理技术任务书、修换件明细表、材料明细表、试车及精度检验记录等，作为附件随同设备修理竣工报告单报送修理计划部门，作为考核计划完成的依据。关于修理费用，可以在提出修理费用决算书后，由计划考核部门按决算书上的数据补充填入设备修理竣工报告单内。

2）设备修理完毕后，技术人员与设备操作人员和修理工一起共同检查、确认已完成规定的修理内容和达到规定的技术要求后，在设备修理竣工报告单上签字验收。设备修理竣工技术报告单应附有换件明细表及材料明细表，备件、材料费及外协劳务费均按实际数计入竣工报告单。

2. 关键要素

风力机修理竣工验收后，修理单位应定期访问用户，对运行中发现的问题，应及时利用风力机运行间隙时间进行返修，直至用户满意为止。风力机修理后应有保修期，一般由双方共同确认具体期限，但一般应不少于半年。

第三节　高级修理技术

失效的零件及设备大部分都可以修复。一般来说，修复零件比更换新件要经济，同时可以减少备件储备，减少更换件的制造，节约资源和费用，减少故障维修的停歇台时。修复工艺所需的装备一般费用不大，因此维修部门应配备一定的技术力量和设备，发展自主创新的修理技术，充分利用社会的设备维修技术资源，会得到很好的经济效果。

一、传统修理技术

1）传统修理技术的种类很多，较普遍使用的方法有刮研、研磨、机械修复法、塑性变形、电镀喷涂、焊接、粘接等。选择修理技术主要应考虑以下因素：①对零件材料的适用性。②能达到修补层的厚度。③对零件物理性能的影响。④对零件强度的影响。⑤对零件精度的影响。⑥一些修理技术还会受到零件结构的限制。

近些年来，电镀、喷涂、焊接、粘接等技术有了很大的发展，已广泛地应用于风力机维修中，大大提高了零件修理的技术水平和适用范围。

2）特点：①设备传统修理常用的一些方法，如电焊、气焊、氩弧焊、镶套、镶堵等。②电焊、气焊、氩弧焊等方法在风力机维修中具有方便快捷、维修成本低等优点，但由于修理带来零件升温的原因而无法保证零件的原有精度和材料强度。③镶套、镶堵、加铜片、打毛点等方法，这些方法已广泛应用在风力机传统维修中。但采用这些方法，会影响零件的原有强度，其原有尺寸精度、几何精度、硬度、耐磨性、耐腐蚀性、表面粗糙度及力学性能参数都会降低。所以传统的修理方法已无法满足风力机零件修理的特殊要求等。

二、高级修理技术

高级修理技术是设备维修发展的高级阶段，是通过对废旧设备进行高技术修复、修理等形成新的发展趋势。风电行业发展对新技术有十分迫切的需求，新修理技术应用取得非常明显的节能节材的效果。在国际上，美国、欧盟等已建立完善新修理技术体系。近年来我国制造业发展迅猛，由于受到国际新修理技术的影响和启发，在对传统设备修理技术进行吸收和创新，出现了系列零部件特殊修理技术——高级修理技术，它由多种具有先进技术的专用设备、专门工艺和超强特殊材料复合而组成。在对设备（零部件）维修时，由于采用特殊工艺技术，进行修理时始终处于常温状态，由于不升温，零部件修复中不会发生变形，无内应力产生，使原有的尺寸精度、几何精度保持不变，这些新技术在风力机修理中发挥了更大的作用。

1. 特色

根据不同材料、不同形状零件的不同精度要求、性能要求、损伤情况，复合多种技术进行针对性修理。

1）零部件修理后的安全性能明显提高。零件在修复过程中，始终处于常温状态，无内应力产生，即在以后的工作运行中，因无内应力释放而消除存在的断、裂等安全隐患。

2）零部件修复后的力学性能保持不变。修理技术可以根据零件局部磨损处的情况，在修复磨损处仍能达到或高于原母材的力学性能，从而提高了零件的使用寿命。

3）应用范围

可广泛应用于风力机的轮毂、发电机、齿轮箱、联轴器、主轴、风轮、偏航驱动箱体、防护罩、齿轮、偏航轴承等各类部件、零件的断、裂、磨损、棱角崩损、锈蚀等方面的修复；可对有条件的风力机进行现场不解体修复；可对碳钢、合金钢、不锈钢、铸铁、铸铜、铸铝等各种材料及不明材料进行修复；可对表面镀铬等复合材料及复合塑料等非金属进行修复；也可对相同或不同材料进行连接、固定、密封及润滑系统的带压堵漏；还可用于零件表面的改性，使其分别具有减摩、耐磨、耐高温、防腐、防锈、防老化等各种突出性能。

2. 发展优势

随着风力机高级修理技术研发和应用，其优势如下：

1）风力机零部件在修复过程中，始终处于常温状态，不产生内应力、无热变形现象，无断、裂的潜在隐患。

2）修补层结合强度高、致密不落胶、耐磨、耐冲击及抗压、防渗性能可靠。

3）通过特殊补材，其修补层性能优异，硬度可达 56HRC 以上，耐磨性为 45 钢调质的 1～1.5 倍，耐腐性为不锈钢的 1 倍。

4）对零件磨损的局部进行改性，通过选择不同性能特点的修补材料，使零件修复处的力学性能高于修复前的材料性能。

5）修复周期短、修复速度快、可现场不解体修复。

三、典型高级修理技术应用

这些典型的设备高级修理技术，未来将在我国风电行业领域得到不断应用和发展。

1. 高频熔焊多金属材料修理技术

1）工作机理。高频熔焊多金属缺陷修复是利用一台高频熔焊多金属缺陷修补机（简称多金属缺陷修补机）对多种金属零部件表面的缺陷（如铸件的气孔、砂眼或不同金属零部件在使用过程中产生的剥落、磨痕等）进行修补、修理。多金属缺陷修补机的工作原理是，在该设备工作时，可以 10^{-3}～10^{-1}s 的周期电容充电，并在 10^{-6}～10^{-5}s 的超短时间高频放电，以各种金属补材作为修补机的电极，与待修金属基体缺陷部位接触时会由高频放电电压将气体击穿形成等离子气，从而产生4000℃以上高温的电火花，使电极（金属补材）与待修基体金属材料接触部位瞬间发生熔融，并进而过渡到待修件的表面层。由于补材与基材之间产生了合金化的作用，从而向待修件内部扩散、熔渗，形成了扩散层，得到了高强度的冶金结合。

由于在施焊过程中每一次放电时间与下次放电时间相比极短，因而热量会通过基材的基体迅速扩散到外界，所以基体的被修补部位不会有热量的聚集。

利用高频放电修补加工时，虽然热量输入低，但其熔融区的结合强度很高。这是由于电极补材瞬间产生的高温使补材金属熔融，并迅速过渡到与基材金属的相接触部位，其修补部位表层深处形成了由补材向基材形成牢固的扩散层，从而呈现出很高的结合性能。

2）技术特点：高频熔焊可修复的材料有低碳素钢、中碳素钢、工具钢、模具钢、铸铁、铸钢、不锈钢、铝合金、铜合金、镍、铜等及几乎所有的导电体，因此高频熔焊修补机也称为多金属缺陷修补机。

高频熔焊多金属缺陷修补机修复技术的特点为：①操作简单、经过短期培训即可进行操作。②修补机可以携带，只要有 220V 的交流电源，在任何地方都可以进行施工、进行修复。③铸件及模具可不拆卸即能现场作业。④对待修件基体输入热量低，不会出现残余应力、变形、裂纹、气孔、咬边等缺陷。⑤对待修件不需预热和保温。⑥由于补材与基体形成扩散层，结合强度高，不会脱落。⑦由于电极旋转，不会产生粘连现象，操作容易，能形成高品质的修补层。⑧若利用氩气等惰性气体保护，可以得到更高品质的修补层。⑨修补余量可以控制得很小，从而减少了机加工时间。⑩修复层在使用中产生磨损，在同一部位还可进行多次修补：该机可以一机多用，修补铝、铜、不锈钢、铸铁、铸钢及碳化钨硬质合金的涂层；在修补加工时不产生噪声、粉尘、废液、强光及异臭味，不影响操作人员健康。

3）高频熔焊多金属修补机的应用范围：①适用于各种牌号铝及铝合金制件缺陷的修补。②适用于各种牌号铜及铜合金制件的缺陷修补。③适用于各种牌号的灰铸铁及合金灰铸铁制件缺陷的修补。④适用于各种牌号的球墨铸铁及合金球墨铸铁制件缺陷的修补。⑤适用于各种牌号的铸钢、不锈钢制件缺陷的修补。⑥适用于各种牌号的合金钢、模具钢制件的缺陷修补。⑦以上各种材料制件的缺陷，包括铸件的气孔、砂眼、疏松、冷隔、扎刀、崩角及模具的龟裂、磨损的修补。⑧可修补的金属制件类型包括：各种受力、受压、受冲击、受高温、受腐蚀等状态下工作的铸件，如风力机各种箱体、发电机体、齿轮箱等；各种表面质量要求严格的铸件等。

4）高频熔焊多金属修补机结构说明。图 6-5 所示为高频熔焊多金属缺陷修补机实物外观图，图中标示的序号含义及功能如下：①能量输出转换开关——Ⅰ档为低能量输出档，Ⅱ档为高能量输出档。②负极输出端子——连接负极导线，与补焊工件相连接。③正极输出端子——连接旋转焊炬。焊炬内装卡焊丝。④电源开关——按下电源开关，电源内置指示灯亮，设备接通电源。⑤轻熔按钮——按下此按钮，内置指示灯闪亮，设备在轻熔状态下工作；弹起按钮，内置指示灯

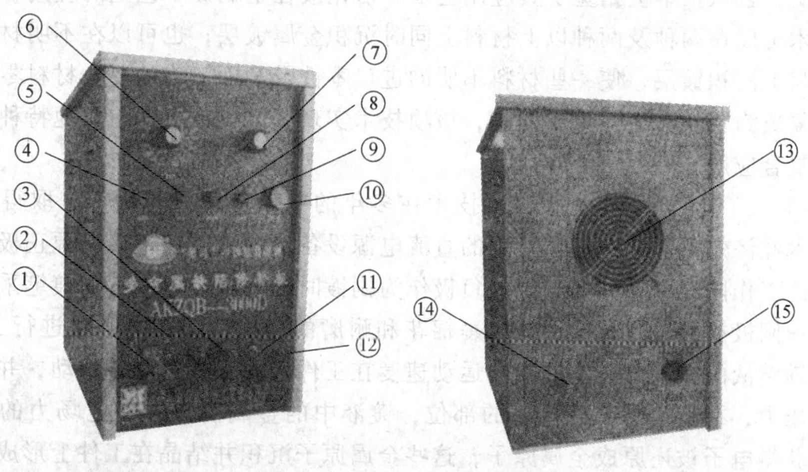

图 6-5 高频熔焊多金属修补机

熄灭，设备脱离轻熔状态。⑥转速调节按钮——用于调节焊炬转速。⑦占空比调节旋钮——旋转此按钮调节占空比数值。⑧钢铁材料按钮——按下此按钮，内置指示灯亮，设备在钢铁材料熔焊状态下工作；弹起按钮，内置指示灯熄灭，设备脱离钢铁材料熔焊工作状态。⑨非铁金属按钮——按下此按钮，内置指示灯亮，设备在非铁金属熔焊状态下工作；弹起按钮，内置指示灯熄灭，设备脱离非铁金属熔焊工作状态。⑩保护转换按钮——设备内置两个过载保护装置，按下或弹起各起动一个保护装置。⑪保护气体输出端口——输出氩气，与焊炬气体接头连接。⑫正极端子——配合正极使用（正极信号输出）。⑬保护气体输入端口——用于氩气输入。⑭散热风扇——用于机箱散热。⑮电源插座——与 220V 电源连接，内置 8A 熔丝管。

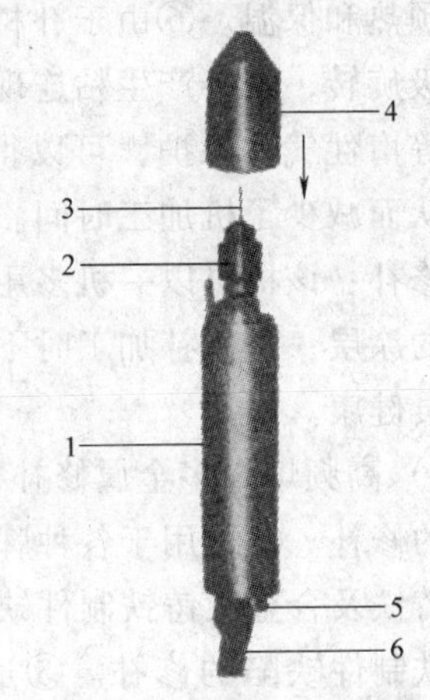

图 6-6 旋转焊炬结构

1—旋转焊炬总成 2—旋转卡头 3—焊丝 4—前端盖 5—焊炬开关 6—导线及通气管

5）旋转焊炬结构如图 6-6 所示。

2. 电刷镀修复技术

电刷镀技术是应用电化学沉积原理，在金属表面选定部位快速沉积金属镀层的一种表面处理技术。

由于活化液的研发成功，结束了电刷镀技术只能在单一材料上沉积金属镀层的历史，且从根本上拓宽了其应用范围。活化液在电刷镀工艺上的应用，使电刷镀技术可以在两种及两种以上材料上同时沉积金属镀层；也可以在不明材料及惰性材料上沉积镀层，使一些材料不明的进口零件及表面镀铬的复合材料零件的成功修复成为现实。更为重要的是，该项技术实现了电刷镀技术与其他特种修复技术的复合应用。

（1）工作机理。电刷镀修复技术在多年的推广应用过程中，已取得了明显的技术经济效益。它是采用专用的直流电源设备，刷镀时镀笔接电源正极作为刷镀时的工作阳极，工件接电源的负极作为刷镀时的阴极。电刷镀的镀笔采用高纯石墨作阳极材料，在石墨块外包裹棉花和耐磨的涤棉套。在电刷镀进行工作时，使浸满镀液的镀笔以一定的相对运动速度在工件表面上往返旋转移动，并保持一定的压力，在镀笔与工件接触的部位，镀液中的金属阴离子在电场力的作用之下，获得电子被还原成金属原子，这些金属原子沉积并结晶在工件上形成金属镀层。随着刷镀时间的延长，镀层结晶增厚而形成了电刷镀金属镀层，电刷镀基本原理如图 6-7 所示。

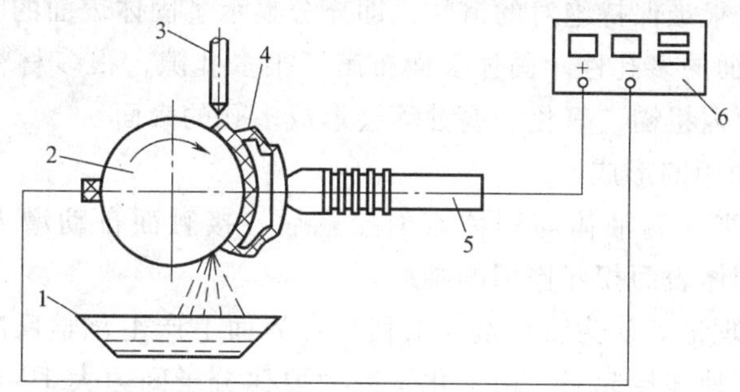

图 6-7　电刷镀基本原理

1—溶液　2—工件　3—注液管　4—阳极及包套　5—镀笔　6—电源

（2）工作特点　由于脉冲技术成功地应用于电刷镀电源的制造中，使电刷镀电源成为原直流电源的替代产品。电刷镀电源使得镀层结合强度有了显著提高，内应力有了显著降低，其特点为：①广泛与常温冷态重熔技术复合应用，可修复轴类等零件的磨损、划伤；零件在修复过程中，始终处于常温状态，无内应力、无变形。②修复量控制精确，可进行复杂曲面的随形修复。③可有效提高修复位置的材料的力学性能并降低表面粗糙度值，硬度为 56HRC，耐磨性为 45 钢调质处理的 1～1.5 倍，防腐性是不锈钢的 1 倍，表面粗糙度能到 $Ra0.01\mu m$。④仅对零件的磨损位置局部施镀修复，未磨损区域不会出现施镀痕迹。⑤不解体修复各类精密复杂零部件。

3. 胶粘修复技术

胶粘修复技术　简称胶粘技术，是胶接与表面粘涂技术的复合。该技术是用胶粘剂将各种材料、形状、大小、薄厚相同或不同的物件连接成为一个连续牢固整体的方法。

（1）工作原理　胶粘技术是一种新型化学连接技术，了解胶粘的本质与胶粘的基本原理，可指导胶粘剂的正确选用和胶粘工艺的合理实施。

（2）表面特征　对于胶粘剂粘涂的零件，胶粘作用仅发生在表面及其薄层，因此零件表面性质和表面特性对胶粘强度有很大的影响。无论选用什么种类的胶粘剂，了解表面特性及采取必要的处理方法都是十分重要的。

1）固体表面特性。任何固体表面层的性质与其内部（基体）都是完全不同的，其差别甚为显著。固体的表面层由吸附的气体、水膜、氧化物、油脂、尘埃等组成，因而是很不洁净的。

2）固体表面的粗糙性。任何固体表面，其宏观可能是光滑的，而微观上则是粗糙的，凸凹不平的，两固体表面的接触，其接触面积仅为几何面积的1%～5%。

3）固体表面的高能性。固体表面能量高于内部的能量。

4）固体表面的吸附性。由于固体表面的能量高，常吸附一些杂物，即使是新制备的表面也很难保持绝对的清洁，即充分显示了固体表面的吸附性。

5）固体表面的多孔性。固体表面布满了很多孔隙，很多材料其基体就是多孔的，一般表面因粗糙、氧化、腐蚀等会形成多孔的表面。

(3）胶粘作用的形成

1）浸润。当一滴液体与固体表面接触后，接触面自动增大的过程，即浸润，是液体与固体表面相互作用的结果。

2）化学键理论。认为胶粘剂与被粘物在界面上产生化学反应，形成化学键结合把两者牢固地连接起来。由于化学键力要比分子间力大1~2个数量级，所以能获得高强度的牢固粘接。

3）扩散理论认为胶粘剂与被粘物分子间互相扩散，使两者之间的界面逐渐消失，并相互“交织”而牢固地黏合。

4）静电理论认为在胶粘剂与被粘物接触的界面上产生双电层，由于静电的相互吸引而产生黏结力。

(4）胶粘技术的特点（与其他连接方式，如铆接、焊接、螺纹连接、键接等比较）

1）胶粘可以连接各种不同类的材料。金属与金属、金属与非金属都可以相互胶接；各种材料的表面缺陷均可进行表面粘涂。

2）胶粘时零件不产生热应力与热变形。胶接与表面粘涂时，通常都在较低的温度下进行，因此，对薄壁零件、受热敏感的零件以及不允许焊接的零件，采用胶粘技术是非常有利的。

3）胶粘可提高抗疲劳寿命。对于结构粘接承受载荷时，由于应力分布在整个胶合面上，这就避免了高度的应力集中，特别是薄板的连接，如采用铆接或点焊，由于应力集中在铆钉或焊点上，容易产生疲劳破坏。因此目前在飞机制造中的某些结构，如蜂窝结构等均把铆接改为胶接，其疲劳寿命可提高3~5倍。所以，现代的飞机制造业、宇航器等胶接已逐步地代替了铆接。

4）胶粘比铆、焊及螺纹连接可减轻结构的质量。在飞机及宇航器的制造中，胶接代替铆接后，质量可减轻20%~30%；大型天文望远镜采用胶粘结构其重量也可减轻20%左右。

5）胶粘比焊接、铆接的强度要低，特别是冲击强度和剥离强度较低。表面粘涂与基体的结合强度；抗拉强度一般为30~50MPa，与热喷涂层的结合强度大体相同。

6）工艺简单。不需要专门和复杂的设备，可现场施工，生产效率高，加工成本低、经济效益显著。

7）胶粘与表面粘涂其使用温度。有机胶粘剂一般在150℃左右，少数可达

250℃以上，无机胶粘剂可达600～1000℃。

（5）胶粘技术的发展　我国的胶粘剂技术近年来得到快速发展，应用领域不断扩大。一些传统的制造工艺与设备的维修工艺也将会由于胶粘剂的发展而得到更新，随着不同性能和功能的新型胶粘剂（如高强度、阻燃、高黏合性、耐高温、耐高电压、高耐磨性、快速固化和低应力等）相继研制成功以及胶粘工艺的不断改进，使胶粘技术得到更迅猛发展，已经成为风电行业修理中不可缺少的新技术。

（6）胶粘技术在风力机修理中的应用　由于胶粘技术的优良特点，随着胶粘剂及胶粘技术的发展，胶粘技术的应用越来越广泛，几乎遍及所有的类型风力发电机组。胶粘修复技术可用于结构连接、固定、密封、堵漏、绝缘、导电，还可用于机械零件的耐磨、减摩、耐腐蚀修复与保护涂层；也能用于修补零件上的各种缺陷，如裂纹缺陷等。其施工工艺简便、可靠，对所修零件无热影响区和变形，可现场作业，从而减少风力机的停机时间，是一种快速和廉价的修复技术。

1）零件断裂的胶粘。各种风力机组的零件由于在使用中承受的载荷超过设计指标或因制造及使用不当，产生断裂或裂纹是经常发生的，传统的工艺方法是采用焊接，而焊接给零件会带来热应力与热变形，特别是薄壁件更有甚之。通过采用胶粘法与表面粘涂方法，则显得十分安全、可靠、方便。

2）风力机组及零件的密封与堵漏。风力机组运行的渗、漏是经常遇到的现象，过去很难用有效的方法解决。而用表面粘涂的方法进行堵补十分方便可靠，不仅可以停车堵补、密封，而且可以带压堵补。在不影响生产的条件下，带温、带压修复渗漏部位可迅速达到密封的效果。对风电企业进行带压堵补可使企业挽回巨大的经济损失，其经济效益十分显著。

3）风电机组及零件防腐。风力机及零件的腐蚀是导致其失效与发生意外事故的主要原因之一，有时会给企业带来重大的损失，特别是海上风力发电机组及零件的防腐及保护十分重要。目前广泛采用有机或无机防腐涂层是行之有效的防腐措施之一，对表面进行防腐粘涂已广泛应用于风力发电行业易受腐蚀部位的修复和预涂保护层，均可采用涂防护层的方法予以保护。

4. 激光熔焊技术

激光熔焊技术是在世界科技水平高速发展的环境下逐步发展起来的一项先进的特殊技术。它的基本原理是把波长一定的连续脉冲光束，通过放大、反射、聚焦，使光束的束宽、束形、束能、峰值功率及重复频率等参数达到特定的技术要求后辐射到工作表面，形成特殊的熔池。一般由五个部分组成：提供特殊光束的激光发生器、用于传送光束的光束传输系统、工件自动装卡移动系统、整机计算机控制系统、显微检测监控系统。该技术具有熔点小、熔速快、精度高、变形小等突出特点，主要应用于精密件的焊补、焊接及特殊加工或表面强化，可以有效地解决常规熔焊方法解决不了的难题。

5. 离子束强化技术

离子束技术是国际上近期发展起来的一种特殊的材料表面改性技术，其基本原理是由离子源获得高能离子束流，通过磁化、纯化、加速，再经过多维旋转扫描器后注入材料表面，注入的离子与原材料的原子之间发生辐射扩散效应以及晶格置换错位现象，出现成核化合物，生成弥散硬化相，使其表层显微组织结构发生突变，从而获得所需要的性能。该技术所运用到的主要设备称为离子注入机，分磁过滤真空弧等离子注入机及金属蒸气真空弧等离子注入机，根据被注入零件的体积决定设备的容积及离子源设计，离子源的材料一般根据工件材料的硬度、耐磨性、耐腐蚀性、抗氧化性及减摩性等特殊要求而选择难溶金属、特种金属或稀土金属。该技术主要应用于零件表面的强化，特别是精密零件的强化。

第四节　典型维修内容及规定要求

风力发电机组运行条件工况多变，加上户外气温及风力自然条件变化多端，做好对风力机组各系统各部件检查十分重要，根据检查情况可以及时排除故障和修复，确保风力发电机组安全、可靠运行。

一、风力机组系统及部件维修

1. 齿轮箱

对齿轮箱典型维修内容主要是实施检查、主要部件连接及更换齿轮油等。

（1）齿轮箱检查

1）检查齿轮箱和各旋转部件处、接头、结合面是否有油液泄漏。在故障处理后，及时将残油清理干净。

2）检查齿轮箱的油位，在风力发电机组停机时，油标应位于中上位。

3）检查齿轮箱在运行时是否有异常的噪声。

（2）主要部件连接

1）弹性支撑轴与圆挡板连接，即①检查垫块是否有位移，如有位移立即修复达到规定要求；②按说明书规定要求检查力矩，建议力矩应达到1350N · m。

2）弹性支撑与机舱连接，即①检查弹性支撑的磨损情况，是否有裂缝、老化现象，如有立即修复达到规定要求。②按说明书规定要求检查力矩，建议力矩应达到2250N · m。

（3）更换齿轮油　一般齿轮箱齿轮油使用3～5年后，必须更换。更换油液时，必须使用与先前同一牌号的油液。为了清除箱底的杂质、铁屑和残留油液，齿轮箱必须用新油液进行冲洗。高黏度的油液必须进行预热，新油液应该在齿轮箱彻底清洗后注入。操作次序如下：

1）在放油堵头下放置合适的积油容器，卸下箱体顶部的放气螺母。

2）把油槽及凹处的残留油液吸出，或用新油进行冲洗，要求必须把油槽中的杂质清除干净。

3）清洁位于放油堵头处的永磁铁。

4）拧紧放油堵头（检查油封，堵头处受压的油封可能失效），必要时可更换放油堵头。

5）卸下连接螺栓，抬起齿轮箱盖板进行检查。

6）将新的油液过滤后注入齿轮箱（过滤精度为60μm 以上）。必须使油液可以润滑到轴承以及充满所有的凹槽。

7）检查油位（油液必须加到油标的中上部）。

8）盖上观察盖板，装上油封。

2. 联轴器

对联轴器典型维修内容主要是实施检查、连接及轴对中等。

（1）联轴器实施检查　检查联轴器表面是否变形扭曲，高弹性连杆表面是否有裂纹，如图6-8 所示为联轴器，如有缺陷应立即修复达到规定要求。

（2）联轴器连接　由于联轴器连接的特殊性，应起到刚性连接和柔性保护作用，要求严格按照规定的力矩进行检查，如有缺陷应立即修复达到规定要求。

（3）轴对中　齿轮箱输出轴与发电机输入轴对中，每月、半年和一年定期维修时，按规定都要进行对中测试。轴向偏差为（700 ± 0.25）mm，径向偏差要求为0.4mm，角向偏差为0.1°。如果测试值大于以上精度要求，则要对发电机进行重新对中，立即修复达到规定要求。

图6-8　联轴器连接示意图

3. 偏航系统

对偏航系统典型维修内容主要是偏航驱动器、偏航轴承、偏航制动器及润滑等。

(1) 偏航驱动器典型维修内容

1) 在维修过程中，由于位置局限，如图6-9所示，部分螺栓不能用力矩扳手拧紧，要求用扳手敲紧。检查偏航齿箱油位及偏航齿轮油是否有泄漏，如有应立即修复达到规定要求。

2) 检查偏航电动机在偏航过程中是否有异常响声，如有应立即采取措施达到规定要求。

3) 检查电磁制动的间隙，间隙偏大（大于1mm）时需要调整。

图6-9 偏航驱动器示意图

(2) 偏航轴承典型维修内容 对偏航轴承典型维修内容主要是连接与回转支承润滑等。

1) 偏航轴承与机舱连接，即①检查偏航轴承及检查所有螺栓。由于偏航大圆盘限制，通过偏航大圆盘的孔能拧紧全部螺栓的1/4，所以拧紧前要求圆盘孔与螺栓对准；紧固好后，手动操作偏航系统到下一个螺栓距离再拧紧；反复4次既可完成全部螺栓的拧紧工作，如图6-10所示。②检查偏航轴承密封圈的密封性，擦去泄漏的多余油脂及灰尘。

图6-10 检查偏航轴承

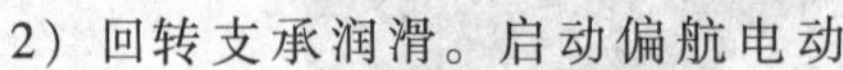

2) 回转支承润滑。启动偏航电动机，在油嘴处进行打油润滑，1500kW风力发电机的回转支撑在同一位置处有上、下两个油嘴，当回转支撑运转一周，必须进行打油润滑，以确保整个回转支

撑均达到润滑要求，如图 6-11 所示。

3）检查偏航制动器

检查偏航制动器所有螺栓的扭矩，建议必须达到力矩为 1000N · m，如图 6-12所示，并检查偏航制动圆盘上有无油迹。若有油迹，则需要把油污擦净。检查偏航摩擦片，摩擦片厚度不大于 2mm，如不符合要求应更换。

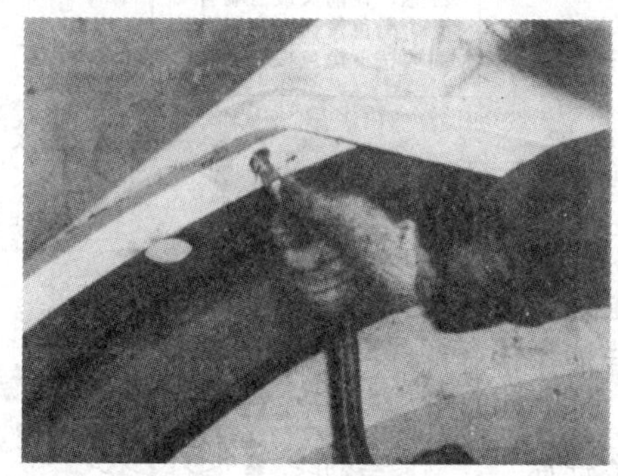

图 6-11　回转支撑润滑

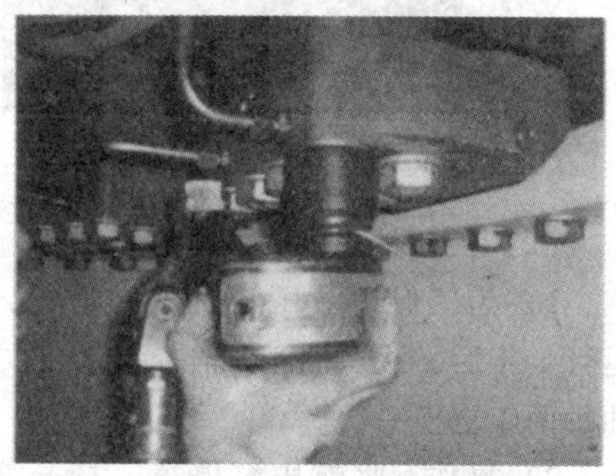

图 6-12　偏航制动器

4）偏航大齿轮、小齿轮检查及润滑。即①在偏航大齿轮齿面上均匀涂润滑油脂，检查大齿轮和偏航电动机间隙，检查齿面是否有明显的缺陷，如有缺陷应立即采取措施进行修复。②检查偏航小齿轮有无磨损和裂纹，润滑情况是否正常，如有缺陷应立即采取措施进行修复。

4. 液压系统

风力发电机组液压系统安装在机舱座前部、主轴下面，其作用是给高速制动器和偏航制动器提供压力，一般液压系统压力：p_{max} = 150bar（1bar = 0. 1MPa），p_{min} = 140bar。对液压系统典型维修内容主要是液压系统检查及液压油更换等。

（1）液压系统检查

1）检查液压系统管路、液压系统到高速制动器和偏航制动器之间的高压胶管、偏航制动器间连接的硬管是否有渗油现象，如有应立即进行修复。

2）在断电情况下，可以通过手动打压　如图 6-13 所示，再旋动接头来手动

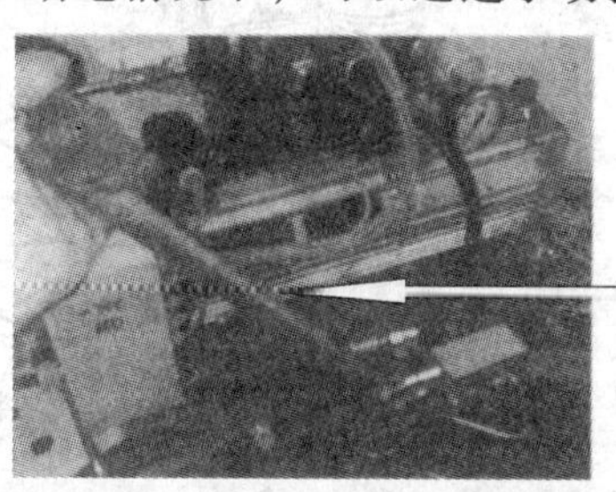

液压系统的手摇杆放在液压系统后稳定可靠的地方，在需要使用时拿出来，一头套在系统中手动泵的手柄上，就可以进行打压操作

图 6-13　手动打压示意

控制高速制动器，如图 6-14 所示。

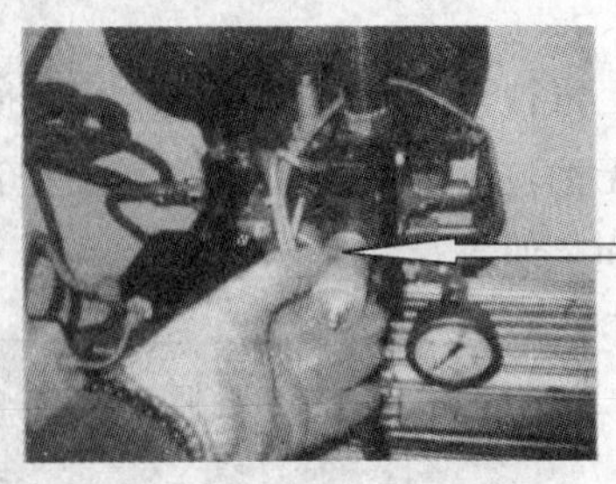

图 6-14　旋动接头示意

（2）液压油更换

1）为了保证液压系统正常运行，在最初运行 1 年后，液压油必须全部更换，之后液压油每两年更换一次。

2）操作：将液压泵停掉，打开液压缸底部的放油帽，将放出来的油液全部放到事先准备好的容器里。重新拧好放油帽，加油至油标中线以上。

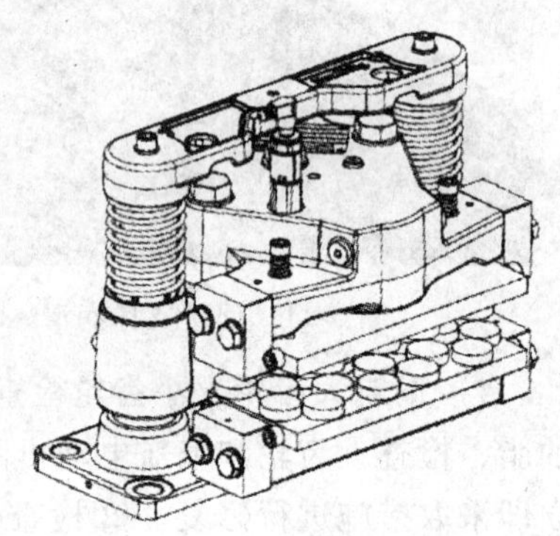

图 6-15　高速轴制动器

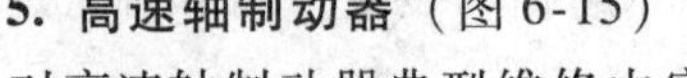

5. 高速轴制动器（图 6-15）

对高速轴制动器典型维修内容主要是连接检查及间隙调整等。

（1）高速轴制动器与齿轮箱连接检查

1）检查高速制动器和齿轮箱连接螺栓，一般要求力矩均达到 420N · m。

2）检查制动圆盘间隙，如间隙大于 1mm，必须立即进行调整；同时检查制动圆盘磨损情况，如有缺陷应立即采取措施进行修复。

（2）制动片间隙调整与更换

1）制动片间隙调整，即①锁紧风轮制动盘，松开高速制动夹钳。②调整制动片间隙。松开调节螺杆上的锁紧螺母，将调节螺杆向内拧进，使制动盘两边制动片距离相等，重新拧紧锁紧螺母。

2）制动片的更换，即①制动片磨损了 5mm 后，总厚度不大于 19mm 时，必须更换制动片。②锁紧风轮制动盘，松开高速制动夹钳。③完全松开上侧制动

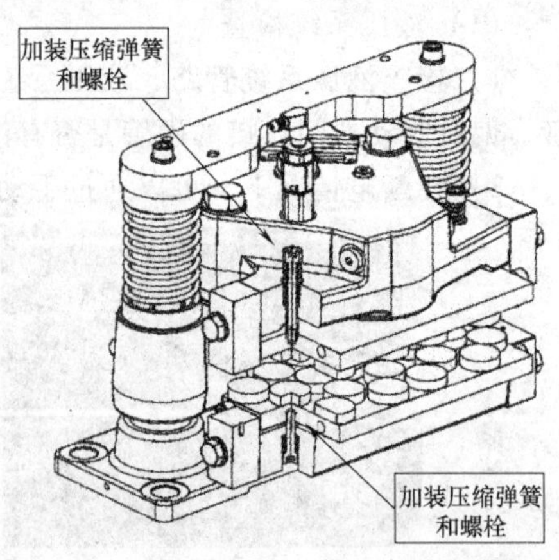

图 6-16　更换高速轴制动器制动片

片衬块上的螺栓，拿开制动片衬块。拧下制动片背面的两个内六角螺栓，取出磨损制动片。④换上新制动片，如图 6-16 所示。⑤检查液压连接及电气控制信号的正确性，以及制动片两侧间隙是否对称等。

3）检查制动圆盘，即①检查制动圆盘是否有油污或其他黏附物，任何污染物都必须清除干净。②检查圆盘表面。必须保证圆盘表面平整，圆盘边缘没有条纹状裂纹，如有缺陷立即进行修复。

6. 冷却系统

对冷却系统典型维修内容主要是系统检查与滤芯更换等。

（1）冷却系统检查

1）冷却系统的常规检查包括检查冷却系统的接头是否漏油，冷却循环的压力表工作时是否有压力，冷却风扇风向是否正常，如有缺陷应立即进行修复。

2）检查在润滑冷却循环系统中的软管是否固定可靠，是否老化或存在裂纹，图 6-17 所示的是齿轮箱及冷却系统，如有缺陷应立即进行修复。

（2）冷却系统滤芯的更换

1）将冷却油泵停掉，将准备好的容器放置到滤油器下方的放油阀下，打开放油阀。放完滤油器中残留的油液后，关闭放油阀。

2）逆时针方向拧开滤油器上方端盖，用手拧住滤芯上部的拉环，往上提起滤芯。卸下滤芯底部黄色端盖，清理干净后，重新装在新的滤芯底部。

图 6-17 齿轮箱及冷却系统

3）将新的滤芯装回滤油器，并将之前放出的齿轮油液倒回滤油器中后，重新旋紧滤油器上方端盖，并恢复其他接线。

7. 风轮

对风轮典型维修内容主要是风轮罩检查、锁紧装置、主要部件连接等。

（1）风轮罩检查

检查风轮罩表面是否有裂痕、刮落、磨损及变形，风轮罩支架支撑及焊接部位是否有裂纹等，如有缺陷应立即进行修复并达到要求。

（2）锁紧装置完好

1）风轮锁紧装置与机舱连接必须达到要求，如图 6-18 所示。为了确保维修人员安全，到轮毂里作业前，必须将风轮锁紧装置完全锁紧风轮，锁紧操作如下：停机后桨叶到顺桨位置，一人在高速轴端手动转动高速轴制动盘，另一人观察轮毂转到方便进入的位置，松开定位小螺柱，并用扳手逆时针旋转锁紧螺柱，锁紧装置内的锁紧柱销就会缓缓伸出。当锁紧柱销靠近锁紧盘时，慢慢转动风轮，使锁紧柱销正对风轮制动盘上的锁紧孔，然后继续逆时针旋转锁紧螺柱，直到锁紧柱销伸入锁紧孔 1/2 以上为止。轮毂内作业完成，所有维修人员回到机舱后，应该顺时针拧锁紧螺柱，直到锁紧柱销完全退回到锁紧装置内，锁紧上面的小螺柱，以防止运行时风轮与锁紧销相碰。运行前必须完全退回锁紧装置。

2）高速轴锁紧装置。高速轴锁紧装置是安装在齿轮箱后部的一个插销式锁紧装置，锁紧装置通过插销把锁紧装置和高速轴制动圆盘固定，具有简单、快捷的特点，如图 6-19 所示。高速轴锁紧装置必须完好，如有缺陷必须立即修复达到要求。

图 6-18 风轮锁紧装置

图 6-19 高速轴锁紧装置

（3）主要部件连接要求

1）变桨轴承与轮毂连接螺栓力矩，一般应达到 1350N · m。具体操作：将液压扳手搬到机舱罩前部，把液压扳手放置在安全位置；扳手头和控制板由两个人分别控制，调好压力，开始检查螺栓力矩，使力矩达到规定要求。

液压扳手电源从塔上控制柜引出。

2）桨叶与变桨轴承连接螺栓力矩，一般应达到 1250N · m，如图 6-20 所示。

图 6-20 紧固变桨轴承连接螺栓

3）紧固桨叶连接螺栓，即①对 1500kW 风力发电机组的每片桨叶都有自己独立的变桨系统。由于轮毂内位置有限，在紧螺栓时，需要进行 2～3 次的变桨动作，将桨叶转到不同位置，才能检查到全部的桨叶螺栓，如图 6-21 所示。②当手动操作一片桨叶进行维修时，必须保证其他两片桨叶在顺桨位置。

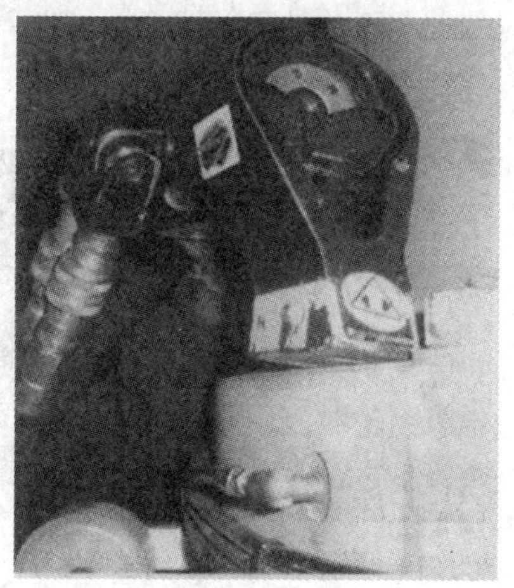

图 6-21　紧固桨叶连接螺栓

4）风轮罩与轮毂连接检查。检查所有风轮罩与支架连接螺栓、支架与轮毂连接螺栓，按维修要求紧固到相应扭矩，并检查 M16 以下连接螺栓，如图 6-22 和图 6-23 所示，其力矩要达到 200N · m。

5）轮毂内螺栓连接检查，即①在 1500kW 风力发电机组轮毂内，除了桨叶连接螺栓外，还包括轴控柜支架、限位开关、变桨电动机等部件的螺栓连接。应按照维修要求，把所有固定螺栓紧到规定力矩。图 6-24 所示为紧固变桨系统连接螺栓。轮毂内变桨电动机与轮毂的连接使用内六角螺栓时，要求使用规格为 14 型内六角旋具头，并用力矩扳手紧固到要求力矩。图 6-25 所示的是变桨电动机，图 6-26 所示的是内六角旋具头。

图 6-22　紧固轮毂连接螺栓

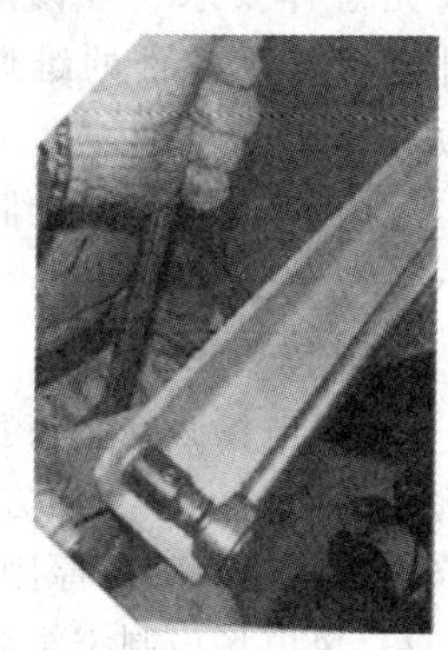

图 6-23　紧固风轮罩连接螺栓

8. 桨叶

对桨叶维保内容主要是检查和清理。

（1）检查时站在机舱罩上，做好安全防护措施，仔细检查桨叶根部和风轮罩的外表面，看是否有损伤或表面有裂纹。叶片内残存胶粒造成的响声是否影响到正常运转，若有则需要清理叶片内胶粒。

（2）检查桨叶是否有遭雷击的痕迹。

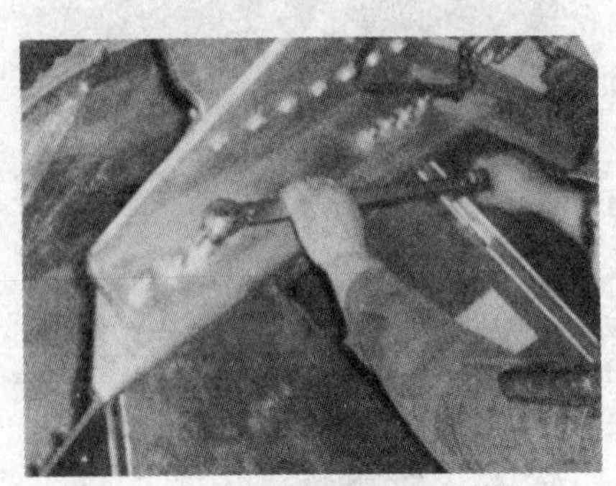

图 6-24 紧固变桨系统连接螺栓

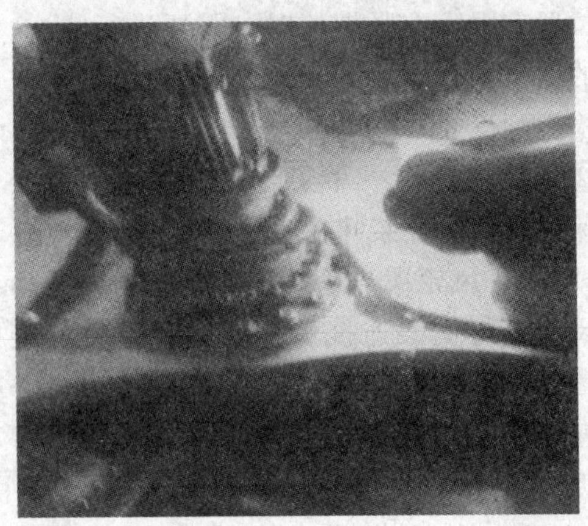

图 6-25 变桨电动机

二、风力发电场维修规定

做好风力发电场维修工作十分重要，在操作中一定要遵守维修规定要求，维修规定具体内容主要是总体要求、维修周期、维修计划及备品备件的维修管理和验收等。

风力发电场设备维修规定如下。

图 6-26 内六角旋具头

1. 总体要求

1）风电场必须坚持贯彻“预防为主，计划检修”的方针。始终坚持“质量第一”的思想，贯彻实施“应修必修，修必修好”的原则，使风力机处于良好的工作状态。

2）风电场应制定维修计划，执行维修计划，不得随意更改或取消，不得无故延期或漏检，切实做到按时实施，如遇特殊情况需变更计划，应提前报请上级主管部门批准。

3）风电场要做好以下维修管理的基础工作：①搞好技术资料的管理，应收集和整理好原始资料，建立技术资料档案及设备台账，实行分级管理，明确各级职责。②加强对维修工具、机具、仪器的管理，正确使用，加强保养和定期检验，并根据现场维修实际情况进行研制或改进。③搞好备品备件的管理工作。④建立和健全设备维修的费用管理制度。⑤严格执行各项技术监督制度。

4）严格执行分级验收制度，加强质量监督管理。

5）维修人员应熟悉系统和风力机的构造、性能；熟悉风力机的装配工艺、工序和质量标准；熟悉安全施工规程；能看懂图样并绘制简单零部件图。

6）维修时，应避开大风天气，雷雨天气严禁维修风力发电机组。

7）风力发电机组维修时，必须使风力发电机组处于停机状态。

8）维修中，应使用生产厂家提供的或指定的配件及主要损耗材料，若使用代用品，应有足够的依据或经生产厂家许可。部件更换的周期，参照生产厂家规定的时间执行。

9）遵守有关规定制度，爱护设备及维护修理机具。

10）每次维修后，应做好每台风力发电机组的维修记录并存档，对维修中发现风力机缺陷、故障隐患应详细记录，并上报有关部门。

11）风电场根据规定和主管部门的有关规章制度，结合当地具体情况，可制定适合本单位的实施细则或做出补充规定（制度），如维修质量标准、工艺方法、验收制度、设备缺陷管理制度、备品备件管理办法等。对未作具体规定的，可参照相应规定执行。

2. 维修周期

（1）维修周期一般可分为半年、一年、三年、五年。

（2）维修项目

1）经常性维修包括检查、清理、调整、注油及临时故障的排除。

2）定期维修是按项目要求，在规定时间内应逐项进行，对所完成的维修项目应记入维修记录中，并整理存档，长期保存；也可根据生产厂家要求进行。此类维修必须进行较全面（对已掌握规律的老机组可以有重点地进行）的检查、清扫、试验、测量、检验、注油润滑和修理，清除设备和系统的缺陷，更换已到期的、需定期更换的部件。

3）特殊维修指技术复杂、工作量大、工期长、耗用器材多、费用高或系统设备结构有重大改变等的检修，此类检修由风电场根据具体情况，经报上级主管部门批准后进行处理。

3. 维修计划和备品备件

（1）维修计划

1）风电企业年度维修计划每年编制一次。应提前做好特殊材料、大宗材料、加工周期长的备品备件的订货，以及内外生产、技术合作等准备工作。在编制下一年度维修计划的同时，宜编制三年滚动规划。三年滚动规划主要是对三年中后两年需要在定期维修中安排的特殊维修项目进行预安排。三年滚动规划按年度维修计划程序编制，并与年度维修计划同时上报。

2）年度维修计划编制依据和内容：①根据所列内容或参照厂家提供的年度维修项目进行。②编制年度维修计划汇总表和进度表。③年度维修计划的主要内容包括单位工程名称、维修主要项目、特殊维修项目和列入计划的原因、主要技术措施、维修进度计划、工时和费用等。

(2) 维修材料和备品备件

1) 年度维修计划中特殊维修项目所需的大宗材料、特殊材料、机电产品和备品备件，由使用部门编制计划，材料部门组织供应。

2) 为保证维修任务的顺利完成，三年滚动规划中提出的特殊维修项目经批准并确定技术方案后，应及早联系备品备件和特殊材料的订货及内外技术合作攻关等。

3) 风电场应有专职机构或人员负责备品备件的管理。

4) 定期维修的项目应制定材料消耗及贮备定额，以便检查考核。

(3) 集中维修体制维修计划的编制

1) 由集中维修单位负责维修的工程，风电场应向集中维修单位提交书面维修项目、质量要求、工期、费用指标等，集中维修单位应按要求编制维修计划。

2) 主管部门在编制维修计划时，应与集中维修单位和风电场协商；下达或调整维修计划时，也应同时下达给集中维修单位及风电场双方。

4. 维修管理和验收

(1) 定期维修开工前，必须做好以下各项准备工作

1) 针对系统和设备的运行情况、存在的缺陷、经常性维修核查结果，结合上次定期维修总结进行现场查对；根据查对结果及年度维修计划要求，确定维修的重点项目，制订符合实际情况的对策和措施，并做好有关设计、试验和技术鉴定工作。

2) 落实物资（包括材料、备品、安全用具、施工机具等）准备和维修施工场地布置。

3) 制订施工技术措施、组织措施、安全措施。

4) 准备好技术记录表格。

5) 确定需测绘和校核的备品备件加工图。制订实施定期维修计划的网络图或施工进度表。

6) 组织维修人员学习、讨论维修计划、项目、进度、措施、质量要求及经济责任制等，并做好特殊工种和劳动力的安排，确定维修项目的施工和验收负责人。

7) 做好定期维修项目的费用预算，报主管部门批准。

8) 定期维修前，维修工作负责人应组织有关人员检查上述各项工作的准备情况，开工前还应全面复查，确保定期维修顺利进行。

9) 定期维修工程开工应具备下列条件：①维修的项目、进度、技术措施、安全措施、质量标准已组织维修人员学习，并已掌握。②劳动力、主要材料和备

品备件及生产、技术协作项目等均已落实，不会因此影响工期。③施工机具、专用工具、安全用具和试验器械已经检查、试验，并合格。

10）集中维修单位承包的维修任务；由风电场和集中维修单位按合同分别准备，双方应密切配合。

（2）定期维修施工阶段的组织管理

1）定期维修施工阶段应根据维修计划要求，做好下列各项组织工作：①按照 DL 408—2005《电力安全工程规程》检查各项安全措施，确保人身和设备安全。②检查落实维修岗位责任制，严格执行各项质量标准、工艺措施，保证维修质量。③随时掌握施工进度，加强组织协调，确保如期竣工。

2）在施工中，应着重抓好设备的解体、修理和回装过程的工作：①解体重点设备或有严重问题的设备时，检修负责人和有关专业技术人员应在现场。②设备维修要严格按检修工艺进行作业。设备解体后如发现新的缺陷，应及时补充维修项目，落实维修方法，并修改网络图、调配必要的工、机具和劳动力等，防止窝工。③回装过程的重要工序，必须严格控制质量，把住质量验收关。

3）维修过程中，应及时做好记录。记录的主要内容应包括设备技术状况、修理内容、系统和设备结构的改动、测量数据和验收结果等。所有记录应做到完整、正确、简明、实用。

4）搞好工具、仪表管理，严防工具、机件或其他物体遗留在设备或机舱、塔筒内；重视消防、保卫工作；维护结束后，做好现场清理工作。

（3）定期维修应达到的基本目标

1）施工中严格执行安全规程，做到文明施工、安全作业、不发生人身重伤以上事故和设备严重损坏事故。

2）设备维修后，应做到消除设备缺陷；达到各项质量标准。

3）完成全部规定的标准项目和特殊项目，且维修停用时间不超过规定。

4）维修费用不超过批准的限额。

5）严格执行维修的有关规程与规定。各种维修技术文件齐全、正确、清晰，维修现场整洁。

（4）质量验收

1）应制定质量验收管理制度，明确各级验收的职责范围。

2）质量检验实行维修人员自检与验收人员互验相结合。简单工序以自检为主，即①维修过程中严格执行维修工艺规程和质量标准。②验收人员应随时掌握维修情况，坚持质量标准，做好验收工作。

3）班组验收的项目，由维修人员自检后交班组长检验。班长应全面掌握全班的维修质量，并随时做好必要的技术记录。

4）特殊维修项目竣工后的总验收和整体试运行，由风电场技术负责人主持。

5）在试运行前，维修人员应向运行人员交代设备和系统的变动情况以及注意的事项。

6）维修人员和运行人员应共同检查设备的技术状况和运行情况。

7）重点检查下列内容：①核对设备、系统的变动情况。②施工设施和电气临时接线是否已拆除。③设备运行是否正常，活动部分动作是否灵活，设备有无泄漏。④标志、信号是否正确。⑤现场整洁情况。

8）集中维修单位维修的机组、设备的分段验收、分部试运行、总验收和整体试运行，由风电场技术负责人主持。分段验收以维修单位为主，风电场参加；部分试运行、整体验收和整体试运行以风电场为主，维修单位配合。

（5）维修总结

1）设备维修技术记录、试验报告、技术系统变更等技术文件，作为技术档案保存在风电场和技术管理部门。集中维修单位维修的设备，由集中维修单位负责整理，并抄送风电场。

2）风电场每半年应将维修的情况上报。内容为维修计划完成情况、维修计划变更情况及变更原因，维修质量情况，维修的开、竣工日期及维修管理经验等。

（6）经常性维修和验收　经常性维修应做到及时、快速、准确，并做好记录，一般不验收。

（7）特殊性维修和验收　特殊性维修和验收参考定期维修和验收执行。

参 考 文 献

[1] 杨申仲，等. 装备制造业节能减排技术手册　第2篇［M］. 北京：机械工业出版社，2013.

[2] 杨申仲，等. 行业节能减排技术与能耗考核［M］. 北京：机械工业出版社，2011.

[3] 杨申仲，等. 节能减排工作成效［M］. 北京：机械工业出版社，2011.

[4] 王建华，等. 电气工程师手册［M］. 3版. 北京：机械工业出版社，2013.

[5] 吴佳梁，等. 风力机安装、维护与故障诊断［M］. 北京：化学工业出版社，2011.

[6] 姚兴佳，等. 风力发电测试技术［M］. 北京：电子工业出版社，2011.

[7] 叶杭治，等. 风力发电系统的设计、运行与维护［M］. 北京：电子工业出版社，2010.

[8] 杨申仲，等. 现代设备管理［M］. 北京：机械工业出版社，2012.